现代服装
设计创意与实践

武丽◎著

中国纺织出版社有限公司

内 容 提 要

服装设计是一种造型艺术。作为艺术设计的一个门类，它包含着其他艺术的特点、其他艺术的美学原理；同时，它有着自己独特的艺术语言和表现规律。服装设计是以人作为造型表现的对象，以各种物质材料为载体，以特有的设计语言为媒介的艺术形式，在服装设计的过程中，设计师借助丰富的想象力和创造性思维活动来抒发内在的情感和独特的审美感受，向人们传达对生活的理解，对人体美的诠释。本书主要对创意服装设计的要领进行阐述。本书在撰写过程中力求采用不同的思维方式，运用不同的路径，探索更新的东西，内容主要包括服装创意设计的概念、思维方法、表现技巧、创意实践等。本书图文并茂，层次分明，对从事服装设计及其他相关行业人员均有一定参考价值。

图书在版编目（CIP）数据

现代服装设计创意与实践 / 武丽著 . -- 北京：中国纺织出版社有限公司，2020.12
ISBN 978-7-5180-8286-5

Ⅰ．①现… Ⅱ．①武… Ⅲ．①服装设计 Ⅳ．① TS941.2

中国版本图书馆 CIP 数据核字（2020）第 257162 号

责任编辑：刘 茸　　责任校对：王花妮　　责任印制：王艳丽

中国纺织出版社有限公司出版发行
地址：北京市朝阳区百子湾东里 A407 号楼　邮政编码：100124
销售电话：010 － 67004422　传真：010 － 87155801
http://www.c-textilep.com
中国纺织出版社天猫旗舰店
官方微博 http://weibo.com/2119887771
三河市宏盛印务有限公司印刷　各地新华书店经销
2020 年 12 月第 1 版第 1 次印刷
开本：787×1092　1/16　印张：15
字数：207 千字　定价：68.00 元

凡购本书，如有缺页、倒页、脱页，由本社图书营销中心调换

本书为课题项目研究成果：

1. 2019 年度山西省艺术科学规划课题"山西传统服饰艺术传承与创新研究"，课题编号：2019G14

2. 2020 年度山西农业大学教学改革研究项目"农林院校环境设计专业'平台＋模块'人才培养模式的研究与实践"，课题编号：PY-202010

3. 2016 年度山西农业大学哲学社会科学基金重点专题研究项目"山西辽代菩萨造像服装艺术研究"，课题编号：zxsk2016002

4. 2020 年度中西部高等学校青年骨干教师中央美术学院访问学者成果

序

　　人类着装的历史很长，但是服装设计的历史其实并不长。武丽这本《现代服装设计创意与实践》在 21 世纪这个人才辈出、科技创新，各领域在快速变化的时间段里出版，具有特别重要的意义。

　　虽然说真正能称得上服装设计的历史并不长，但是也有非常多的时装设计师甚至是时装设计大师在不同年代贡献了诸多的设计实践，甚至用了各种各样的方法来拓展设计的边界。他们的作品后浪推前浪，不断刷新着我们对于服装设计的认知。

　　作者武丽从服装设计的内涵与发展趋势、服装创意设计思维能力的培养、服装创意设计的方法与程序、现代服装创意设计与表现、民族服饰语言的时尚运用实践等出发，结合多年来教学与科研的实践成果，围绕提高艺术人文素养的育人目标，突出了学以致用的实践环节，积极探析了民族文化与服装设计两者之间的关系，因而本书具有重要的参考价值。

　　这里最重要的还是她对于创意性思维的撰写部分。如何突破设计上的各种僵绊？如何将思维打开，真正创造出具有时代感的作品？这是一个非常重要的话题，也是在教学中不可或缺的一个内容，亦是一个不错的研究方向。它的意义在于引领学生们掌握更多的方法和技巧，让思维不被局限，因而产生更多新颖的设计来满足人们的需求。在设计当中能做到有自己的观点，有自己的创新性，需要基于独立的思考和善于自我表达的能力。如何做到不人云亦云，是值得深度思考的。

　　本书收录的诸多方法，可以在实践中帮助你获得这样的能力。这是我看到的这本书重要的闪光点，也是我愿意为此写一段话的原因，并以此为序。

希望大家开卷有益，有所收获。

中央美术学院设计学院　吕越

2020 年 12 月

前　言

　　服装记录着特定时期的生产力状况和科技水平，反映着人们的思想文化、宗教信仰、审美观念和生活情趣，也烙有特定时代的印记。自古以来，不同民族、不同文化背景的服饰在情感和语言方面具有各自不同的内涵和外延，但都体现着实用文化与审美文化的和谐统一。服装之中蕴含着大量的文化资源，在知识经济时代，能否将服饰文化资源创造性地转化为文化资本，将成为现代服装创意设计从事者是否能够安身立命的关键。现代服装设计创意是一种传达性的造型艺术，既有艺术元素，又有科学技术含量。服装功能的历史演进，使得服装越来越艺术化，这对服装设计提出了更高的要求，简单的替换、模仿、抄袭和重复已远远不能满足人们的需要。服装设计需要创新来引领时代潮流。

　　现代服装设计属于工艺美术范畴，是艺术与技术、美学与科学的有效结合。现代服装设计内容范围甚广，包含材料、结构、工艺、设计、色彩、图案、美学、史学、人类学、社会学、心理学、服装 CAD、营销、展示等。服装在人类生产、生活中已存在了几千年，但人类对其理论的探究，则是较晚才开始的。随着现代服装设计行业的逐渐正规化、专业化、系统化，与现代服装设计相关的理论研究也不断扩展。服装行业在世界范围内发展非常迅速，这对我国服装行业的总体水平和设计研发能力提出了更新、更高的要求。创造性思维的培养也是时代发展的必然要求，《现代服装设计创意与实践》一书将围绕服装的创意设计，从理论和实践角度对其进行详细分析和论述。

　　本书共分为六个章节，全面探究现代服装设计创意与实践的各个环节。第一章分析服装设计的内涵和发展历程，并展望其创意化的发展趋势。第二章探究服装创意设计思维的培养方法，包括服装创意设计的思维方式和构思形式。第三章系统地探究服装创意设计的方法与程序，包括服装创意设计的原则、定位、灵感来源和程序四大主要环节。第四章从色彩设计的创新性表现、材料选择的特质性表现、服装风格的创意性表现三个方面探究现代服装创意设计的表现方法。第五章立足于本土文化，探索民族服饰语言的时尚运用实践，包括民族服饰文化的总体性解读、民族服饰中的创意设计元素和民族服饰语言的时尚化运用。第六章列举现代服装创意设计典型案例，包括服装设计大师创意设计作品、现代创意服装设计实践作品以及一些教学实践作品，用案例分析的方式向读者介绍服装设计从概念到实物的过程中所用的技能和策略，具有很好的可操作性。

　　本书中选用的个别图片可能存在未能联系到版权所有者的情况，请版权所有者见书后与笔者和出版社联系。本书在撰写时难以做到尽善尽美，因此书中难免会有疏漏、欠妥和偏颇之处，恳请广大读者和同行予以指正，不吝赐教。

作者
2020 年 11 月

目　录

第一章
服装设计及其发展趋势

服装设计作为现代艺术设计中的重要组成部分，其文化形式与艺术形态直接或间接反映了当下社会潮流的发展趋向。服装设计是一门综合学科，与文学、艺术、历史、美学、心理学、生理学等学科息息相关。因此，从事服装设计需要掌握相关的理论知识，只有将这些理论与服装设计完美融合，才能在此基础上展开更丰富的创意设计。本章将深入服装设计的内涵，分析其具体的概念和特征，并回溯服装设计的发展历程，在了解服装设计历史的基础上进一步探究现代服装设计的创意化发展趋势。

第一节　服装设计的内涵分析

一、服装概述

（一）服装的概念

通常，服装是指一切可以用来穿在人体上的物品，如衣、裤、裙等。服装伴随着人类社会文明的发展，与人类社会有着密切地联系，除了字面意义，服装还有丰富的社会与文化内涵。

服装有着物质和精神的双重性。首先，服装是人类物质文明发展的产物，其发展受到社会生产力发展水平的影响，要制成服装就必须有具体的材料和制作工艺，而材料的更新和工艺技术的提高，使服装从粗陋走向华美。其次，当服装与人合为一体，这由人和服装共同构成的着装状态，必然反映了着装者的政治、宗教、习俗、审美观、社会行为规范及评价标准等，于是服装也包含了精神层面的社会文明。

（二）服装的功能

1.实用功能

（1）防护功能

服装是人类生活的必需品，为了抵抗大自然的侵害和其他环境因素的影响，人类生活中必须具有相应的防护设施，服装便是其中一项。服装对人的防护主要表现为以下几个方面。

①防寒保暖

在气温比较低的情况下，人们穿了服装后能遮盖 94% 左右的身体，能有效地阻止人体皮肤的热量向外散发，从而提高机体的御寒能力，保护穿衣人不受寒冷的伤害。

②隔热防暑

当外界气温高于人体温度时，环境中的热能会通过辐射和对流，传达至人的皮肤，然后通过血液的流动传入人的体内，影响人体健康，而浅色或一些特殊面料的服装有很好的防辐射热和隔热功能。

③调节湿度

空气湿度过低，会使人感到干燥，而湿度过高又会使人感到闷热。用透气性、吸湿性良好的材料制作服装，能及时调节和保持衣下空气层的湿度，使人感到舒适。

④调节空气

人体的皮肤是需要呼吸的。皮肤在呼吸时，除了排出二氧化碳，还会排出各种气态的有机物质，它们的主要成分是氯化钠、尿素、乳酸和氨等。这些物质有酸臭味，若留在皮肤或内衣上，对皮肤有一定的刺激作用。如果长期存留在皮肤和内衣上，还会滋生微生物，影响人的健康。透气性良好的服装能经常更新衣服内层的空气，使外界清洁的新鲜空气不断替换有害的空气，以帮助皮肤进行正常的新陈代谢。

⑤防风、防雨

冬季凛冽的寒风会使没有遮盖的皮肤出现干裂、冻伤的现象，即使在夏天，让风直接吹到人身上也会使抵抗力不强的人着凉。穿着服装，特别是穿着用透气性较差的材料制作的服装，能有效地减少因刮风引起的皮肤水分蒸发和大量散热。雨水能直接淋湿皮肤，破坏皮肤的正常生理机能，加速体内热量的散发，引起寒冷反应。穿着防水性能良好的服装，能使人体免受雨水的侵袭。

⑥其他防护作用

服装还能保护皮肤免受尘土污染，免遭蚊虫叮咬和荆棘扎刺等外力伤害。有些专用服装还有许多特殊的保护作用，如防毒、防细菌、防原子辐射、防火、防低压缺氧、防高空气液沸腾等。

总之，人类的正常生理机能和一切活动都离不开服装，服装是人类生活的必需品。

（2）适应功能

服装自身要能够适应人的形体特征和活动需要，在不妨碍人体健康的同时，还应该适应不同消费群体的不同需求，如不同年龄、不同文化的人，其审美需求不同；不同职业、不同场合的人，其对实用功能的需求也不同。

2. 审美功能

服装是人类美化自身的艺术品，从考古发掘的文物中可以发现，人类很早就有了审美意识。他们在制造生产工具和生活用具的同时，已经在制造艺术品。大量的史料还证明，在人类最早创造美的活动中，就包含了对自身的美化。他们通过绘制文身、磨制贝壳、佩戴骨珠和石珠、涂黑牙齿等方法打扮自己。服装产生之后，人类对自身的装饰就被服装取代了，服装成了人们形象的重要组成部分。无数古今中外的艺术家借助服装塑造了许许多多令人难忘的人物形象。

随着人类精神文明和物质文明的不断提高，人们追求美的愿望更加强烈，这种愿望首先表现在每个人的自我完善方面。衣着美和仪表美是人们自我完善的重要条件之一。穿上一件得体的服装，不仅能弥补穿衣人体型上的不足，而且能使穿衣人在社交活动中更有信心。如今，单纯地满足于服装实用功能的人已经不多了，人们更注重服装在实用基础上的装饰功能。人们需要用服装的款式美、色彩美、材料美、图案美来满足自己不断提高的审美追求；需要用服装维护自己的体面和尊严。在现代社会，服装已成为一种备受人们关注的艺术品。

3.社会功能

服装的穿着需要适应一定的社会环境和社会风俗习惯等。社会环境不同，显示的时代风貌就不同；不同的民族服装，显示出不同的民族风俗。设计师在设计服装时，也应考虑社会的风俗习惯等，以适应人们的思想意识变化和不同的社交要求。

（三）服装的分类

服装应包括衣服和配饰两部分的内容：主体部分是衣服（衣裳），即人体着装的主要部分；另一部分是配饰，起补充和烘托的作用。

1.衣服

衣服的种类很多，分类的标准也很复杂（表1-1）。

表1-1　衣服的分类

分类方式	种类
按款式分	西服、夹克、裙、裤、大衣、连衣裙等
按材料分	丝绸服装、棉质服装、皮革服装、裘皮服装等
按色彩和图案分	单色服装、条格服装、图案花型服装等
按季节分	春装、夏装、秋装、冬装
按性别分	男装、女装
按年龄分	婴儿装、童装、青少年服装、中老年服装等
按职业分	学生服、教师服、军服、警服等
按民族分	藏族服装、朝鲜族服装、苗族服装、傣族服装等
按用途分	家居服、休闲服、运动服、工作服、礼服、舞台服等

2.配饰

与衣服相搭配、对人体起保护或装饰作用的配件，称为"配饰"。配饰包括帽、首饰、围巾、腰带、袜鞋、包等。

二、服装设计的概念

设计（Design）原意是指针对一个特定的目标，在计划的过程中求得一种问题的解决方式，进而满足人们的某种需求。服装设计是指在正式生产或制作某种服装之前，根据一定的目的、要求和条件，围绕这种服装进行的构思、选料、制样、定稿、绘图等一系列工作的总和。❶

工业革命以前，由于生产力落后及社会生活的局限，服装设计与服装缝制没有明显的分工。随着现代工业的发展，服装已成为批量生产的工业产品。同时，社会生活的日益丰富和人们经济收入的提高，也促使人们对服装的功能提出更高的要求。于是，服装设计逐步从手工业操作的匠人手中脱离出来，并发展为一门独立的应用学科。服装设计的具体概念可以从以下几个方面来理解。

首先，服装设计要实现服装良好的实用功能。服装设计必须研究并解决服装的外观形式、使用材料及内部结构如何更好地适应人体结构和人的活动规律等问题。只有解决好这些问题，使服装给人方便、舒适的感受，才可能保证设计的成功。即使那些以追求艺术美为主要目的的服装设计作品，在展示时也必须与模特的表演完美地结合起来，否则，也会影响其艺术美的表现。

其次，服装设计要追求完美的审美功能。服装设计必须研究并解决如何运用各种形式美要素和形式美构成法则处理服装的款式、色彩、材料变化的问题，使服装更好地美化人们的生活。

再次，服装设计要同步于生产技术和设备管理。服装设计必须研究并解决产品外观形式与内在质量的关系问题，以及产品价值与成本的关系问题，使价值规律通过设计在生产中得到最佳体现。

最后，服装设计要面向市场。服装设计必须研究不断变化的市场，研究市场销售规律和流行趋势对设计的影响。只有这样，才能在日益激烈的市场竞争中赢得胜利。

总之，服装设计的最终目的是谋求人与服装、社会与服装、服装厂与市场之间的相互协调。服装设计对于满足人们的物质需求，以及推动社会物质文明与精神文明的发展，都有着极其重要的意义。

---

❶ 丁杏子.服装设计 [M].北京：中国纺织出版社，2000：1.

三、服装设计的特征与属性

（一）服装设计的特征

随着现代服装行业的飞速发展，服装设计的内容与形式已成为服装生产环节中的主体。从服装设计的广义角度来讲，服装设计是服装生产的首要环节，也是贯穿服装生产过程的核心环节。作为一种针对不同人群而进行的视觉服装设计，这些特定人群对象的外在生理特征与内在心理特征制约着服装设计特征。这种与科技、物质和文化紧密相关的综合性设计艺术，既是物质与精神的双重升华，也是抽象到具象的具体转化。

（二）服装设计的属性

服装设计是介于工具装备、精神装备与环境装备之间的边缘学科，既是精神文化也是物质文化，既有艺术的成分也有科学的成分。服装设计也是精神文明与物质文明之间的一座桥梁，通过设计师的观念和生产者的双手，精神中的美才能物化到现实的产品之中。❶

服装是物质文化的产物，是商品。服装经过设计、裁剪、缝制出来后，必须卖给消费者才算完成了它的使命。为此，服装设计师必须了解市场需求，从而进行有针对性的服装设计。

服装又是精神文化的产物，是实用艺术品。服装是随着世界时尚步伐和艺术潮流的变化而变化的，因此，设计师还需不断搜集世界流行趋势的信息，不断搜集和丰富创作素材，从而创造出愉悦人类精神的好作品。

四、服装设计的分类

在设计不同类别的服装时，设计定位和设计语言都应当有明确的区别，这样才能做到有的放矢。因此，服装设计也有分类的必要。一般来讲，服装设计可分为两大类别，即成衣设计与高级时装设计。成衣设计的消费对象往在是某一阶层的部分人群，具体可以细分为不同地区、职业、性别、年龄、审美需求等方面。相较于成衣设计，高级时装设计则更具有局限性。两者的主要区别在于，成衣设

---

❶ 史林. 服装设计基础与创意 [M]. 北京：中国纺织出版社，2006：15.

计的对象是某一阶层的人群，而高级时装设计的对象往往是一个具体的人。

（一）成衣

成衣是指近代出现的按标准号型批量生产的成品服装。现在服装商店及各种商场内购买的服装一般都是成衣。

（二）高级时装

时装是指在一定时间和空间内，为一部分人接受的新颖且流行的服装，高级时装对服装的款式、造型、色彩、纹样、缀饰等方面有着标新立异的要求，也可以理解为时髦且富有时代感的服装。高级时装至少包含以下三个不同的概念，即样式（Mode）、时尚（Fashion）、风格（Style）。

五、服装设计师的要求

服装设计涉及自然科学和社会科学的广阔领域，需要运用数学、物理、化学、生理学、心理学、美学、材料、工艺、人体工学、经济、管理、市场销售等各方面知识。因而在具体工作中，服装设计者常常要与有关的工程师、工艺师、管理人员、供销人员通力合作，发挥集体的力量，才能圆满地完成全部任务。作为一名服装设计师，主要应当具备以下几个方面的条件。

（一）丰富的生活经验

生活经验是设计者进行创作的源泉，是服装设计者必须具备的条件，也是其创作能力形成和发展的基础。设计者应使服装具有较高的使用价值。然而，不同地区的人群，因为地理环境、气候条件、生活习俗、劳动方式和经济收入的不同，对服装的要求也有所不同。设计者只有深入生活，才能了解不同地区人们的不同要求，从而设计出适销对路的产品。

设计者还要使服装产品具有较高的审美价值。生活中蕴藏着丰富多彩的美，设计者只有深入生活，才能从生活中捕捉到社会的美、自然的美、艺术的美，从而把从生活中得到的美的情感、美的造型、美的色彩，融入自己的设计作品。同时，为了使自己的设计符合工厂的生产条件，设计者应积极参加生产实践，了解并熟悉服装生产的每个环节。总之，设计者生活经验的广度和深度，从根本上决定了其设计作品的价值。

（二）完备的人体知识

服装设计是以满足人的生理需要和心理需要为最终目的的，所以符合人体结构、方便人体活动也是服装设计的前提条件。为了获得成功的设计，设计者必须具备人体方面的知识，要充分认识人体活动规律以及人与周围环境的关系。

（三）熟练的基本技能

在自己的设计还未变成产品之前，为了便于思考或者便于向别人介绍自己的设计作品，设计者需要用一种形象的、直观的形式将自己的设计意图表达出来，这种形式就是绘画和制图。绘画的形式用以表达设计者对服装款式、色彩、材料、图案以及穿着效果的设想；几何制图的形式用以表达设计者对服装内部结构的设想，这两种形式常常配合使用，设计者要掌握这两种表现形式并了解它们之间的相互关系，使它们成为一个相辅相成的有机整体。

服装设计要为成衣制作的方便创造条件。服装的制作包含许多工艺手段，如平缝、拼接、滚边、刺绣、熨烫等。熟悉并掌握服装的各种缝制工艺，有利于开拓设计者的思路，同时使自己的设计更符合生产实际。服装的缝制过程，又是一个补充、纠正、实现设计构思的过程。服装是立体的、动态的，服装的实际穿着效果绝不同于图纸上平面的、静止的绘画效果。为了进一步完善设计意图，设计者应能自己动手制作，使自己在制作过程中有机会不断调整并充实自己的设计。

随着科学技术的发展，先进的计算机辅助设计手段已进入服装的设计、生产、营销等领域，大大提高了服装款式变化、放码、排料、试衣等工作效率。于是，会使用计算机辅助设计工具便成了现代服装设计人才的必备技能。

（四）明确的经济观念

在现代社会里，服装是工厂服务于市场并赢得利润的商品。因此，除创意服装设计外，现代服装设计必然要受到经济规律的制约，受到消费者的制约。设计者不能像艺术家那样单凭个人灵感和兴趣去创作，而应尊重流行趋势、市场需求和消费者心理，运用生产单位所提供的条件，如新材料、新工艺等，创作出合乎经济规律、受消费者欢迎的作品。

（五）良好的艺术素养

服装设计是技术与艺术的统一，设计者应具有良好的艺术素养。艺术素养是指艺术家从事艺术创作必须具备的各种艺术规律性知识，以及审美感受能力和艺术表现能力。艺术理论知识是艺术家、文艺理论家从事艺术创作和研究艺术规律的经验总结，如艺术美的特性、内容和形式的关系，形式美的基本法则等。学习并探讨这些艺术理论，认识并把握艺术美的特征和创作规律，对服装设计有着极为重要的意义。

（六）优秀的创造能力

随着社会经济的发展，消费者对服装的各种功能和外观形式的要求日益提高，而各个服装厂提供的产品也使消费者拥有了广阔的选择余地。因此，当前的服装市场是竞争十分激烈的市场，设计者必须具有优秀的创造能力，创造性地运用已有的知识和经验，充分结合现代科学技术所提供的新材料和新工艺，从而使自己的设计作品具有合乎消费者需要且有别于同类产品的新功能，使作品的形式符合消费者新的审美理想，以争取竞争的优势。

第二节 服装设计的发展历程

服装的出现距今已有数千年历史，制作服装的材料也在不断改变。从人类进化过程中使用过的树叶、兽皮等还不能称作服装的物件，到封建社会以棉、麻布料为主的服装，再到现代社会款式各样、面料丰富的服装，这个过程体现的不仅仅是生产力的发展，更是几千年来人类服装形态的演变。从原始社会到奴隶社会再到封建社会，各个阶段、各个时节、各种场合，人们都有着各具特色的服装。这些服装形态大多根据当时的文化环境、经济条件、生存需求而变化，并非某个设计者的观念表达，因此在一定意义上还不能称其为服装设计作品，真正的服装设计在近代才产生。

一、服装设计的诞生

服装设计的出现与西方社会开展的工业革命密切相关。在工业革命前，由于生产力水平落后，普通人家都使用天然材料，通过纺织等各个工序，将其制成衣物，而贵族家庭则由雇佣的裁缝进行制作。在这一过程中，设计、剪裁、缝制等步骤皆由一人完成，因而服装的样式、设计等几乎千篇一律，不会有大的变化。这样的制作方式几乎贯穿了整个农耕时代，普通民众还将纺织、剪裁等制衣手艺代代相传，成为农业社会不可或缺的一项技艺。❶工业革命的到来对这样的服装生产方式造成了极大的冲击，随之而来的服装工业化和服装商品化更是解放了人们的双手。

第一次工业革命首先发生在英国的纺织业，"飞梭"和"珍妮纺织机"的出现大大提高了纺织效率，大量价格便宜、质量上乘的棉布面料出现在了市场。紧接着，制衣工厂也开始建立，种类多样、大小各异的成衣也获得了人们的青睐。服装行业开始了工业化和商品化。在这样的背景下，人们对服装的样式有了更高的需求，服装设计师应运而生。

查尔斯·费雷德里克·沃斯是公认的第一位服装设计师，被称为"时装之父"（图 1-1）。19 世纪中叶，这位英国人来到了法国，在巴黎开设了自己的裁缝店，为中产阶级与贵族缝制衣物，这一行为将本属于贵族的专利带给了社会的其他阶级，也为其日后设计的风靡创造了条件。为了方便顾客的选购，他在店里摆放了事先设计的"样衣"，根据顾客的反馈对其进行量体剪裁。这样的服装售卖形式和他设计的服装都获得了人们的广泛喜爱。沃斯的行为激励了许多人，他们开始对服装的款式进行改造与设计，服装设计的概念开始盛行。其后，服装的设计也开始进入设计师主导阶段。

图 1-1　查尔斯·费雷德里克·沃斯设计的高级时装

❶ 朱洪峰，陈鹏，晁英娜. 服装创意设计与案例分析 [M]. 北京：中国纺织出版社，2017：4.

二、西方服装设计的发展历程

（一）中世纪至18世纪西方的服装风格

在服装设计进入设计师主导阶段前，服装的流行趋势受到过许多因素的影响，这在西方的服装演变过程中有最显著的体现。中世纪至18世纪，宗教、建筑、宫廷等因素一度决定了当时的服装风格，影响着服装的流行趋势。[1] 在这一过程中虽然并没有设计师的存在，但不可否认，每种流行起来的服装中都存在着极强的设计感，有的还为日后的服装设计提供了灵感来源。

1.拜占庭时期受宗教因素影响的服装风格

中世纪时期是一个多种文化相互冲突、交融、反抗并存的矛盾时期。古希腊文化、古罗马文化、日耳曼蛮族文化以及东方文化都能在这个时代找到一丝痕迹。中世纪的服装设计深受基督教的影响，其中拜占庭时期的服饰最具有浓厚的宗教意味（图1-2）。

图1-2　拜占庭服装

基督教倡导人们"禁欲"，在服装上则体现为服装结构的封闭性。拜占庭时期的服装造型宽大，多为拖地长袍，且遮盖严密，丝毫不展露人体形态的自然美。这一时期，服装对身体的包裹达到了最高点，穿衣的目的是包藏和掩盖身体，服装成为区分贵贱的工具。这时的服装面料水平已经相当高了，品种丰富且质量上乘，以其制作的服装还在表面增加了繁复的刺绣、流苏，并镶以金玉装饰，表现出一种中世纪圣歌的神圣韵律。人们对上帝的虔诚决定了服装样式与颜色的单调，体现了庄重肃穆之感。此外，男性的服装也大同小异。总的来说，这一时期的服装在宗教的影响下显得呆板而华美，如同被精心打扮却毫无生机的洋娃娃一般。

2.中世纪受建筑因素影响的服装风格

同样在中世纪时期，哥特式服装风格呈现出受建筑因素影响显著的态势（图1-3）。"哥特"一词原指代哥特人，其后在文艺复兴时期被用来指代中世纪的艺术风格，具有明显的批判意味。这样的艺术风格在当时的建筑、文学、音乐、绘画等领域都有着广泛的应用。大体上来说，黑暗、恐惧、孤独等是"哥特"呈现出的最终效果。

图1-3　哥特式服装

哥特式建筑最早出现在中世纪的法国，夸张、不对称、复杂、多装饰等是其特点。哥特式建筑多尖拱券、小尖塔等，整体风格高耸而削瘦，因而哥特式服装多使用纵向、垂直的线条，再加上尖尖的高帽与翘头鞋来营造人体的修长之感。此外，哥特式女装上紧下宽，宛如几何中的圆锥形态，也与建筑的外观相互呼应。同时，哥特式风格的建筑多为教堂，这决定了哥特式建筑外观的华丽与复杂。哥特式服装则通过花纹、镂空、褶皱等手法使增加服装的层次感与精致度。在服装的颜色选择上来说，哥特式服装常以黑色、暗红等暗色系为主色调，并饰以不对称的图案，借此营造夸张感。在这一风格盛行时，如此着装的人们也需对面部进行修饰，如使用黑唇膏、黑眼影、白粉底等打造出暗黑的妆面风格。

　　3.18 世纪受宫廷因素影响的服装风格

　　在宫廷的贵族阶级最先开始流行，其后在民间风靡的服饰类型有很多，洛可可服装便是其中比较具有代表性的服装类型。洛可可服装源于洛可可艺术，洛可可艺术从宫廷装饰与室内陈设中衍生出来，涵盖了建筑、绘画、音乐、文学等多个领域，风靡于 18 世纪的法国上层阶级。由于当时的贵族阶层日渐衰落，思想上也遭受启蒙运动的冲击，急于摆脱路易十四时期繁文缛节束缚的贵族阶层便开始大肆挥霍享乐，由此产生了华丽雕琢、精巧繁琐的洛可可风格。

　　洛可可服装则在路易十五的情妇蓬巴杜夫人和路易十六的王后玛丽亚·安托瓦内特的影响下开始流行（图 1-4）。当时的法国开始盛行享乐主义，洛可可服饰的奢华柔美受到了推崇。大量的蕾丝花边、精美的图案纹样和蝴蝶结的使用都使洛可可服饰看起来更加精致典雅，富有女性魅力。在颜色的使用上，洛可可服装以娇嫩、明艳的色系为主，嫩绿、粉红等颜色将女性衬托得甜美温柔，如同含苞待放的玫瑰。这一时期的女性偏爱娇小纤细且性感的身材。为了满足贵族女性对形体美的追求，洛可可服装借助束胸衣与腰间系带塑造出大胸细腰的体型，束胸衣通过挤压使得胸部高耸而挺拔，同时将腰围缩紧到十分纤细的状态，再通过裙撑的配合，使裙子保持宽大蓬松，打造出精致的 X 型身材。❶

图 1-4　洛可可服装

---

❶　王晓威．服装设计使用教程 [M]．北京：中国轻工业出版社，2013：183．

（二）19世纪以来服装设计师与流行趋势的关系演变

工业革命的发展使得社会生产力大幅度提高，在纺织行业尤其明显，服装的工业化和商品化促使了服装设计师的出现。服装的流行趋势也在经历过上述许多因素的影响后来到了设计师主导的阶段。以第一位服装设计师沃斯的出现为节点，设计师对服装设计的绝对影响力持续了近两个世纪，在这期间，设计师与流行趋势之间主要经历了以下几个阶段。●

1. 个体设计师主宰流行（19世纪中期至20世纪50年代）

这一阶段从19世纪中期持续到20世纪50年代，一些设计师开始崭露头角，想在服装设计领域再造沃斯的神话，也涌现出了保罗·波烈（图1-5）、玛德琳·维奥内特、加布里埃·香奈尔、克里斯汀·迪奥、克里斯特巴尔·巴伦夏卡、皮埃尔·巴尔曼（图1-6）等一众新锐设计师，服装设计行业进一步壮大。他们的服装设计勇于打破常规，大胆而富有创意，是当时服装潮流的风向标，完全主导着流行趋势。

图1-5　保罗·波烈服装设计作品　　图1-6　皮埃尔·巴尔曼服装设计作品

民众对他们的设计更是十分推崇，追逐时装的潮流有如今天的追星一般狂热。然而，并非所有人都有资本能够穿上这些设计师设计的服装，在当时的经

● 史林．服装设计基础与创意 [M]．北京：中国纺织出版社，2006：2-5.

济环境下，设计师们的服务对象多为中产阶级与上层贵族，当新的时装信息发布，人们便争相购买，而一般的平民只能望而却步。在那个年代，服装设计师的数量本就不多，能引领潮流的更是寥寥无几，因此这些设计师的地位是极高的。

2. 设计师群体主宰流行（20 世纪 60 年代至 80 年代）

20 世纪 60 年代，社会上兴起了"年轻风暴"，年轻人将自己戏称为"垮掉的一代"，并大量使用反传统的事物发泄着心中的不满与怨愤，如对摇滚歌星的崇拜取代了电影明星，留长发、穿牛仔的嬉皮士，避世派风靡欧美，朋克族成了青年的模仿对象，等等。

其中部分年轻人通过自己设计服装表达对时尚界的反抗，成为那个年代引领潮流的新兴设计师。其设计风格大胆创新、远离传统，想象天马行空、千奇百怪，许多服装单品与服装风格等在这个阶段开始出现，服装设计行业被注入了全新的血液。其代表人物主要有迷你裙设计者玛丽·奎恩特、安德烈·辜耶基、宇宙服创始人皮尔·卡丹（图 1-7）、波普风格创始人伊夫·圣·罗兰、朋克装创始人薇薇安·韦斯特伍德、男性化宽肩女装创始人乔治·阿玛尼、女性化收腰皮装创始人阿瑟丁·阿拉亚（图 1-8）等。

图 1-7 皮尔·卡丹服装设计作品　　图 1-8 阿瑟丁·阿拉亚服装设计作品

20 世纪 70 年代开始兴起高级成衣业，它保留了高级定制服装的一些特点，同时弱化了高级定制服装"定制"的特殊化，形成了款式领先、设计顶尖、价格较亲民的新型服装。在经济发展迅速、中产阶级消费者群体扩大的条件下，高级成衣开始风靡并进行了多元化发展。这一过程中也有大批设计师从中脱颖而出，如德国的卡尔·拉格斐、日本的三宅一生（图 1-9）、川久保玲等设计师均设计出了颇具个性与风格的成衣，引领着高级成衣业的发展。这一时期的服装设计行业可以说是百花齐放，设计师群体打破了传统的框架，引领着当时的潮流，其创造的新型设计，以及相应的设计理念至今还对后人产生着深远的影响。

图1-9　三宅一生服装设计作品

3.大众与设计师共同创造流行（20世纪80年代至今）

服装的流行趋势受许多因素的影响，前两个阶段都呈现出了设计师主导甚至掌控流行的局面，但随着经济的发展和各种思想解放运动的开展，人们在衣着服饰的想法上产生了一定改变，从盲目追求时髦到更关注自身，对服装面料的质量、舒适度等提出了更高的要求。在这样的层面上来说，服装设计进入了大众与设计师共同创造流行的阶段。这个局面的出现并不是偶然，在反传统的"年轻风暴"开展时便出现了一些端倪：当时的年轻一代自行创造的黑皮夹克配牛仔裤、T恤配牛仔裤等搭配在特定的场景中风靡，甚至在如今的朋克族与摇滚青年身上还能看到一些影子。

从20世纪80年代开始，更加关注自身的大众开始与设计师一同创造流行。消费者更加注重服装的个性化与舒适度，休闲风成为服装设计最主要的风格。这一时期最主要的特点便是服装款式的混搭，长、短、宽、窄，各个形态的服装都有所展露，这种时髦不会为设计师的设计所左右。在这样的背景下，各国的服装设计行业持续发展，巴黎、伦敦、纽约、米兰、东京的服装行业也利用自己独特的时装风格打响名号，成为世界的五大时装中心。

随着时间的流逝，老一辈设计师逐渐退下了舞台，取而代之的是新一代的年轻设计师，他们通常善于观察、敢于创新，世界各个民族、各个阶层的服装，甚至街头行人、流浪汉、乞丐等所着的不同衣物都可以成为其设计灵感。可以说，这个时代的设计师是在和大众共同创造着流行。这一时期的代表人物主要有约翰·加利亚诺（图1-10）、亚历山大·麦昆（图1-11）、让·保罗·高缇耶、汤姆·福特等。

图1-10　约翰·加利亚诺服装设计作品

图1-11　亚历山大·麦昆服装设计作品

三、我国服装设计的发展历程

（一）古代服装文化理论

任何一个时期的审美设计倾向和审美意识并非凭空产生的，它必然是根植于特定的时代，在特定的社会历史背景下形成一种观念，进而影响人的生活、设计或行为。分析作为文化形态的服饰，可以理解人类在各个历史阶段的审美意识的文化理念。

我国是"衣冠王国"，历代服装都曾谱写过光辉灿烂的篇章，其中的古代服饰文化观主要有以下几个方面。

1.《周易》里的服饰观

《周易》是民间最早的哲理书，对于我国文化特别是服饰文化有着深远的影响。对服饰有影响的学说主要有以下几种。

（1）服饰起源观

黄帝始制衣裳说。《九家易》载："黄帝以上，羽皮革木以御寒暑，至乎皇帝始制衣裳，垂示天下。"《周易·系辞下》有："黄帝尧舜垂衣裳而天下治，盖取诸乾坤。"作为中华服饰的起源论的资料佐证，远古先民的服饰文化观念起源于实用御寒功能，将服装的创造制作与古时英明君主相联系，如同人们将传奇故事与英雄人物联系起来一样，以增添其神圣感和可信度。《周易》的服饰起源说对现代认识服装的起源有一定的影响。西方文化也如此，如《圣经》中，人类始祖亚当和夏娃初始的衣裙便是在辞别伊甸园之际由耶和华上帝所创造并赠送的。

（2）服饰治世观

《周易》将服饰与治天下联系起来，体现了古代社会服饰具备的社会政治功能和伦理教化作用。自古以来，我国都将服饰放在了"天下治"的重要位置上，穿衣并不是一个简单的问题，而是被作为一个既定的基本国策。历史上有"改正朔，易服色"的说法，这种说法意味着遇到一件大事便要正衣冠，改发型，只要改朝换代都要来一次服饰改制，以正观瞻。这种对衣着的强调和渲染所形成的文化氛围，笼罩了中国服饰文化的博大时空，而宽衣博带的服饰本身就具备了神圣感和崇高感。

（3）服饰象征观

在服饰发展过程中，从天子到臣民都看重服饰上的图案，或重教化，或重等级，或重自炫，或兼而有之。《尚书》的《虞书·益稷》为人们提供了这方面最早的文化依据："予欲观古人之象，日、月、星辰、山、龙、华虫作会（绘），宗彝、藻、火、粉米、黼黻、绮绣，以五彩彰施于五色，作服，汝明。"这就是古今公认的十二章纹。十二章纹施之于冕服，在设计者那里就赋予了它明确而固定的文化内涵，有着文化垂教的设想和功能（图1-12）。汉代《服疑》云："是以天下见其服而知贵贱，望其章而知其势位。"这就是说，天下人见到不同的服装款式就知道其身份的高低贵贱，看到不同的图案就能分辨出其权势尊位的不同，每一朝代都有不同的纹章的色彩。从更深一层来看，服饰章纹的意义不只是在于表示身份等级，还有着梳理社会秩序、熏陶理想文化人格、强化历史责任等作用，服饰自有的特定内涵将能够唤起穿着者特有的思维模式与言行规范。因此，今天世界各国的军警、民警等职业制服上不同的肩饰、领饰、胸章等附件也是有着一定的社会文化内涵，不仅有着观赏价值，还具备军衔等级和部队编制等辨识作用。

图 1-12 具有文化和礼仪象征的古代服装

（4）中和之美文化观

中和之美表现在不以偏颇极端为美的观念。任何一种极端都会向它的反面转化，只有中和才能包容万物，兼融众美。这种人生观影响我国自古以来的服装造型和设计配色。我国古代的服饰色彩多呈中性色彩，服装无肩造型，款式中性化，外敛内敞，上俭下丰，我国文明有着不同于其他文明形式的长期稳定的结构模式，所以我国历代服装一直在上衣下裳制和衣裳连属制这两种基本的形制之间交替使用，兼容并蓄。这种以居中为美的审美意识是在周易文化影响下的审美风貌，表现在形式上，就是线条之美：以线状万物，以线写心意，以线传神韵，以线抒情写意，等等（图 1-13）。

图 1-13 具有中和之美的古代服装

《周易》中的审美意识，也包括为人要适度、着装要适可而止、设计要面面俱到、不暗淡也不花哨、不能不打扮也不能太讲究等观点，这些观点影响着从那时到现代的一批人的从众心理，不前不后、不偏不倚、不左不右，能兼顾全面，使各方和谐相处并被各方所接受。美国设计师肖拂尔说："中国服装设计师具有感情温顺的精神。"可以说这是对我国服装审美精神的概括。有这种以居中为美的审美意识，使得服装有意无意地带上了另种意义上的伦理功能，即借服饰来完成自身人格的构建。在我国古代哲人看来，人是形和神的统一，即肉体与精神的统一，这是一个不可分割的整体，因此道家与儒家都主张精神与肉体兼并，美与善合璧，历代服饰正是如此体现人和物之间的审美和谐和自然表现形式的外化的。

2.孔子的服饰观

孔子是举世公认的中国文化的代表，他的学说在世界文化史上都有着举足轻重的地位和分量。事实上，孔子的服饰观影响非常深远，即便是在今天，孔子的服饰观对人们的着装心态也还存在着极大的影响。

（1）灵活的礼制观

在《论语》中记载："颜渊问为邦，子曰：'行夏之时，乘殷之辂，服周之冕'。"这段话是学生问老师如何治理国家，回答却是具体的有关事宜，即实行夏代的历法，夏用自然历，春夏秋冬合乎自然规律，便于农业生产，可谓得天时之正；沿袭殷商的车制，殷车有质朴而犷疠之美；遵从周代冠冕堂皇的服饰制度，质美饰繁，等级规范，富有文采，这是将服饰与治理国家联系起来的典例。孔子非常关注服饰问题，从款式结构到颜色，从制作衣料到穿着态度、表情都有详细的论说。他认为，服饰独特的款式一旦演绎为惯制，上升为文化传统，就会成为一个民族存在的外在标志，成为一个民族尊严的寄托与象征。孔子的服饰观向未来辐射，具有巨大的潜力和魅力。事实上，在后世激烈的征战中，往往是胜利者要改变失败者的服饰，来作为征服的标志，而失败者也以坚持原有的服饰作为反抗不屈的表现，款式的变化由此成为政治成败的标志了。

孔子对服饰的变革常常采取灵活圆通的礼制，采取的是"堵截不如疏导更为有效而长久"的态度，引导疏通，对服饰的种种改制行为给予变通的解释。例如，《论语·子罕》中记载："麻冕，礼也；今也纯，俭，吾从众。"说的是传统的冠冕是以葛麻织成，是礼仪的规范；纯是黑色的丝，人们用黑丝来编织，以丝换麻，这是社会的文明进步而出现的材质的优化与美饰，这一变化没有影响礼的实质，而且从俭了，乐以从众。这段话表明孔子对丝织冠冕的变化是一种随和的态度，而这种随和本身就是对变异的新局面的重新驾驭与疏导。又据《礼记·哀公问》载，鲁相公对婚礼着冕服不满困惑（在周代冕服的使用只限于祭祀天地、五帝、先公、祭社稷等特别隆重的场合），哀公曰："结婚着冕服，是否过分，是否违礼？"孔子曰："天地不合，万物不生，大婚，万世之嗣也，君何谓已重乎？"就是说婚姻是人类得以万世承传、生生不已的大事，像天地和谐、万物生息一样隆重自然，仅仅穿戴一下冕服怎么能说过分，难道婚姻不能承受如此之重吗？冕服在这里的应用，就其功能而言，渗透的是重传统、重祖先、重既往的文化信息，这里可以看出孔子从重子嗣、重婚姻着手，使服饰具备了重未来的文化意蕴，使越级非礼的婚礼服饰有了名正言顺的地位和尊严，后世因此而有了新郎着官服，新娘戴凤冠霞帔的习俗。这些充分表现出孔子服饰观对服饰变化的宽容的积极态度。

（2）衣人合一观

衣人合一观在于强调衣的穿着要和人的生活环境、交际场合等具体情境联系起来，也是天人合一、顺应自然、与自然共生的美学观。"天人合一"的思想是我国古代文化之精髓，是儒、道两大家都认可并采纳的哲学观，是我国传统文化影响最为深远的哲学观念，这种观念产生了一个独特的设计观，即把各种艺术品都看作整个大自然的产物，从整体的角度去看待产品或商品的设计。服装的穿着讲究适应环境的需要，使之和谐统一。这种观念从另一个方面说明设计需要合乎自然的条件，在我国最早的一部工艺学著作《考工记》中就已记载："天有时，地有气，材有美，工有巧，合此四者，然后可以为良。"两千多年前的中国工匠就已意识到，任何工艺设计的生产都不是孤立的人的行为，而是自然界这个大系统中各方面条件综合作用的结果。天时乃季节气候条件，地气则指地理条件，材质美为工艺材料的性能条件，而工有巧，则指掌握制作工艺技术的条件，对服装而言，就是指服装的着装季节、着装环境、衣料的质地和衣服造型等，只有这四者和谐统一才有精妙设计。这种观念就是指人是形和神的统一，即肉体与精神的统一，是不可分割的整体，精神与肉体、美与善合璧，正是以服装来体现这种人和物之间的审美和谐和自然表现形式的外化，这种观念与现代服装设计 TPO 原则具有异曲同工之妙。

（3）文质彬彬谓君子

孔子曰："君子不可以不饰，不饰无貌，无貌不敬，不敬无礼，无礼不立。"因此必须"正其衣冠，尊其瞻视"。孔子从人品、人格的角度梳理衣和人的关系，提出文质互补的美饰原则，也就是"君子正其衣冠"。这不是一般意义上的穿衣戴帽得整整齐齐以示有文化教养，而是着力强调衣冠的周正本身就是成为君子最起码的理想和必备的条件。孔子的服饰意识里把服饰的正与不正，提到一个人能不能立足于上流社会的高度。因为一定的服饰代表一定的社会身份，象征着一定的人格品位，所以衣冠不整是被引以为耻的。孔子以为服饰要合乎"礼"的要求，只有着装适度才能体现出社会制度的有序和本人的综合修养，也才能符合社会规范，所以君子正其衣冠另一观点则是文质合一观。孔子在《论语·雍也》中说："质胜文则野，文胜质则史。文质彬彬，然后君子。"也就是说，没有合乎礼仪的外在形式（包括服饰），就像个粗俗的凡夫野人，但如果只有美好的合乎"礼"的外在形式，给人以庄严肃穆的美感动作（包括着装礼仪），而缺乏"仁"的品质，那么包括服饰在内的任何外在装饰，都只能给人浮夸的感觉。这里"质"是指内在资质智慧，"文"指外在的形体文饰，就是说一个人只有资质与文饰具备，并相得益彰，才是一个完美的君子风度。在孔子看来，服饰本身的形态及其穿着上的讲究与服饰配套能起到展示人格理想的作用，也能直接与治国齐家平天下的制度和秩序联系起来。这正像黑格尔所说的"美是绝对理念的感性显现"一样，服饰在这里也正是以感性的形态显现了孔子所认定的伦理情感的绝对理念。

3. "老庄"的服饰思想

老子和庄子是先秦时代最早以反省态度面对现实与历史的哲学家，是道家学派的奠基人。老庄思想中的服饰观念主要有以下几点。

（1）被褐怀玉

《道德经》中老子提出"圣人被褐而怀玉"这一服饰美学观念。所谓"被褐怀玉"，就是内持珠玉，外着粗褐陋装，注重人的内在美质忽略外形美饰的人格象征，庄子进一步发展为"养志忘形"的境界，意即服饰意境只在于追求陶醉心灵的满足感。理想的人生应该是养志者忘了形骸，养形者忘了利禄，求道者忘了心机。在老庄服饰境界构建中，塑造被褐怀玉的风范是有意淡化或者消解外在的美饰，而重视人的精神、气韵与风度，强调的是人的内在气质，这种观念影响久远。例如，后来道教推崇的八仙都是外在简朴的人物形象：铁拐李蓬头垢面，张果老衣着俭素倒骑毛驴，蓝采和衣衫褴褛，等等。当然，这里并不是要以传说人物或高人隐士的服饰为榜样，而是作为一种思维模式和文化心理结构，描述人的整体形象。在最富有个性的魏晋时期，虽然"褒之博带"是其普遍服饰，但倡谈玄学之风，强调返本归真一任自然，表现在装束上为"袒胸露臂，披发跣足""散首披发，裸袒箕踞"，"文人群效不拘礼教，行为放荡"以示不拘礼法，在传世的文学作品和绘画作品中可以看到这些人物形象的描绘。这种人格上的自然主义和个性主义摆脱了汉代儒教的礼法束缚，直接欣赏人格个性的美，尊重个人价值。《世说新语》中关于"斐令公有俊容仪，脱冠冕，粗服乱头，皆好，时人以为玉人"的记载，生动地反映了当时的审美意识，"褒之博带"实质上是一种内在精神的释放，是一种个性标准，是厌华服而重自然，着眼于内在的充实和灵魂的坦然表现，这一观念较为普遍地影响了中国人的着装意识与着装风貌。

（2）质文错位

在与鲁哀公谈儒服者是否为真儒者的故事中，庄子提示应注意服饰的"欺骗性"，服饰的欺骗性可理解为扮饰性。这对服饰文化的建设是很有意义和价值的，放到现代服装设计观念里就叫错视设计。服饰的美感在较大程度上是建立在扬长避短或校饰人体的缺陷与不足之上，这就自然而然地强化了服装的装扮功能。另外，墨子说"其为衣服，非为身体，皆为观好"，也就是把衣服本身当作一种独立的工艺品来欣赏。这一观点更加强调了服装的装饰作用，在几千年来传承的上下分离的"衣裳制"，或上下相连的"深衣制"中，无论是"宽衣博带"或袍服之类的正规衣着，还是平常穿的便服，其繁缛华丽的纹样都围绕着"装饰"这个宗旨进行的。虽然古代的服装造型都是把人体严严实实地包裹起来的，紧扣的衣领、宽空的衣身、长长的衣袖和裤、裙，似乎像一只口袋把人体装在里面，显得极为封闭，但是经过纹样的装饰，也就具有了不同的美感和不同的象征意义。事实上，不只是服装的种种款式与色彩面料，就连佩饰品也带有浓浓的装饰意味。这种重装饰的观念，还在绘画、建筑等领域都有所体现，如绘画不讲究焦点透视，建筑重群体的平面展开和雕梁画栋的细部装饰，等等。

由上述种种论述可以看出，质文错位的"欺骗性"装饰对中国人服饰心理、着装行为和着装风貌的影响甚大，在服饰上所积淀的历史传统与文化观念是不可磨灭的，这些论述进一步使服饰从浅层次的外在"悦目"升华为较高层次的"赏心"的审美境界。

（二）我国服装设计的萌芽

古代的中国是传统的封建制国家，将自给自足的生产方式体现得淋漓尽致，一直以来，人们的服装，从面料生成到纺织加工再到最后的印染和刺绣，无一不是人民劳动成果的体现。在商品经济产生之前的几千年，中国人民的服装制作一直是以这样亲力亲为的方式完成的。

西方开展工业革命后，自然而然产生了纺织业与服装行业的革命，余韵波及世界许多国家，但对我国这样的服装生产方式，并没有产生太大的影响，服装设计行业也并未萌芽。直到实行改革开放，服装设计的形式才开始在我国出现。对我国服装设计产生启蒙作用的是外国服装师在我国举行的一系列展览活动。1978年，法国服装设计师皮尔·卡丹率领模特来到北京，展示其最新设计的时装，这让当时还十分封闭保守的中国人大开眼界。皮尔·卡丹曾说："我刚来中国的时候所有的人都是穿灰的衣服、黑的衣服，或者绿的衣服，我感觉就像被一座灰的墙给包围住了一样（图1-14）。"1985年，同为法国设计师的伊夫·圣·罗兰在北京民族文化宫举办了其历经25年设计的服装作品回顾展，这也让我国国人意识到了自己的落后。这两次的经历更加坚定了我国奋起直追、发展服装实业的打算。

图1-14 20世纪80年代中国学生的服装风格

（三）我国服装设计初期的发展状况

为了尽快踏入服装设计行业，追赶世界先进国家的步伐，缩小我国与其他国家在服装产业上的差距，我国将服装设计的重点放在了设计师的培养上。通过开办服装设计课程、举办服装设计比赛来网罗天下英才，培养设计行业的专业人才，为我国服装设计事业做贡献。

此前我国高校开设的与服装设计有所关联的课程仅有戏剧学院的表演服装设计，这显然远远不能满足新时期发展的需要。1980年，原中央工艺美术学院率先面向全国招收服装专业大专生，从此结束了服装专业不能进入高等教育的历史，开启了培养我国自己的服装设计师的新纪元。其后，许多大学开始开设服装设计的相关专业,聘请专业人才对学生进行指导。此外,许多艺术院校也开始开设课程和广招学生。一时间,服装设计专业在我国高等院校占据了一席之地,发展态势如火如荼。

1986年,中国服装工业总公司、中国服装设计研究中心、《中国服装》杂志社举办了首届全国服装设计"金剪奖"比赛。这个全国性的比赛为参赛者设置了金牌、银牌和铜牌,旨在召集全国的优秀设计师群体,给他们一个展现自我的舞台,在竞技中相互学习、相互促进,在友好的交流合作中提高个人的设计水平。1993年,中国服装设计师协会成立,由服装界与时尚界的设计师与行业的专业人才组成。自此,我国服装设计师有了自己的组织,能与外国服装设计行业进行直接的沟通交流。从1997年开始,中国服装设计师协会举办了"中国十佳服装设计师"评选活动,评出业内的优秀设计人才,并予以一定表彰。

通过在高校开设专业课程、举办全国性比赛等方式,我国培养出了一大批服装设计人才,这样的培养方式产生了显著的成效。在人们的共同努力下,我国的服装产业逐渐摆脱了与世界潮流格格不入的状态,不仅很好地融入世界潮流,还在多年的发展过程中形成了自己的风格。中国在服装设计行业的成长速度与发展速度不免令人惊叹。

（四）我国当代服装设计的发展现状

经过近40年的时间,我国的服装设计事业取得了长足的进步,人民群众的服饰穿搭风格发生了极大的改变,中国设计开始在世界各大秀场崭露头角,我国服装行业从"中国制造"向"中国创造"的方向大步迈进。但总的来说,我国的服装设计发展现状仍不容乐观,主要体现在服装设计受行业基础影响较大、国产品牌设计能力不足、服装设计的专业人才短缺这三个方面。

1.服装设计受行业基础影响较大

随着经济的发展与社会的进步,我国人民的衣着状态相比几十年前发生了天翻地覆的变化,款式多样、颜色各异的服装在生活中随处可见。消费者在服装的选择上更注重自己的喜好,而非为流行与时髦所主导。同时,人们对潮流的包容度在不断提高,对时尚的理解也不再受过多局限,大多数人在追赶潮流的同时不忘保留自身的特点。因此,消费者对服装设计的需求也有了较大变化,服装用以彰显个性的作用愈发明显。

在消费者观念发生转变的情况下，我国的服装设计理念却没能及时跟进，造成这一现象的部分原因是设计基础的薄弱导致设计行业的力不从心。我国拥有庞大的人口基数，在服装行业的市场潜力极大。但这样的"肥肉"免不得被各方势力所觊觎，我国服装设计行业才刚兴起就被卷入了这样激烈的竞争中。国内设计品牌暂且不论，外国品牌带来的竞争压力才是最不可小觑的。在过去几十年里，不断有外国服装品牌入驻中国，瓜分市场，意图在中国市场分一杯羹。

面对这样的形势，我国的服装设计分行业显出几分无能为力之感。我国虽然是服装行业大国，但并非强国，我国的服装业产业链并不完善，并且主要集中产业链的后两个环节——生产与销售上，以服装生产加工和销售为盈利渠道，但产业链前端且最为核心的"设计"这一环节有所缺失，这不是短时间内就能补足的。我国的服装设计由于基础差、起步晚，在起跑线上就已经落后了一大截，想要追赶上先进国家的步伐也必须在相当长的一段时间里加以实践和积淀，因而我国的服装设计水平还有很大的提升空间。面对消费市场产生的新情况，凭借现在的设计水平还不能给消费者交出一个满意的答卷。

2.国产品牌设计能力不足

在市场经济的影响下，人们的服装有了更加多元化的选择，部分消费者开始对外国服装品牌趋之若鹜，甚至不顾自己的实际消费能力，购买价格昂贵的服装产品，并因此产生了炫耀、攀比的心态，这种现象大多出现在年轻群体中。从侧面来看，这也反映出了国产品牌竞争力不足，很难带动消费的问题。这种现象的产生除了有一定的文化不自信因素影响，更多体现的是国产品牌的设计能力不足。因此，如何快速提高品牌设计能力，发挥品牌影响力，将设计产品进行商业变现，是目前亟待解决的问题。

国产品牌李宁、森马、太平鸟等在过去很长时间里都与"时髦"二字搭不上边，其款式、配色等很多时候都不符合年轻人的审美，唯一能加以称赞的便是质量了。但最近几年，这些国产品牌一改往日形象，在各种时装周上凭借新颖的设计、精巧的构思使得设计的服装获得了人们大量的关注，其亮眼的表现也为国产品牌在国外吸粉良多（图1-15）。这种变化也被消费者看在眼里，不仅网络销售量有了显著增长，也获得众多好评，人们对其产生的固有印象开始改变。可见国产品牌在我国服装市场还是存在不小的潜力，如果能将设计水平提升，那么实现品牌影响力的目标便指日可待了。

图 1-15 李宁 2019 春夏系列秀场

3.服装设计的专业人才短缺

在当今社会，人才始终是第一生产力，服装设计行业亦然，优秀的设计师总是抢手的"香饽饽"。随着我国经济的发展，服装设计行业的人才培养也被提上了日程，即便如此，整个行业还是呈现出优秀设计师供不应求的态势。

服装设计也是艺术创作的过程，是艺术构思和艺术表达的统一体。[1]因此，服装设计师的艺术鉴赏能力和创作能力不可或缺。在此基础上需具有敏锐的观察力，不论是对时下潮流元素的捕捉，还是对消费者的喜好需求都应当心里有数，并在设计作品中有所体现，这对设计师自身的艺术修养与专业素养提出了很高的要求。

反观我国在服装设计师的培养上，通过高校课程进行系统的培养是如今最常见的方式，但这样的人才培养制度的利弊都很明显。通过授课的方式培养人才效率较高，能在短时间内培育出能力较强的人才，从而满足社会的需要。但这样的方式对老师提出了很高的要求，老师本人在服装设计行业需要有一定的成就才能有资格给学生讲课、传授经验，同时，老师还需精通教师的职能，将自己的知识分解过后传递给学生，产生一种双向沟通，使学生真正学进去，但是这样的师生状态多存在于理想之中，高校的教师很难做到。

此外，学校的课程多重理论轻实践，许多时候学生只能纸上谈兵，与设计草图相伴，不能将自己的设计真正制成成品，接受市场的考验。事实上，实践是十分有必要的，只有经过多次的实践，才能从中吸取教训、积累经验。如果缺少了这个环节，学生的设计作品就成了"无源之水"，无法立住脚。因此，这样的培

---

[1] 信玉峰.创意服装设计 [M].上海：交通大学出版社，2013：2.

养方式与课程设置还有待科学地改善。

总的来说，当前我国的服装设计还处于水平不高的阶段，兼具"内忧外患"，想要达到国外的设计水平，我国服装设计行业还有很长的路要走。

第三节   现代服装设计的创意化发展趋势

设计作为服装产业的生产力和消费竞争的核心，必须符合社会生产和消费市场的规律。服装作为消费品，其在号型、款式、材质、技术、审美等方面都要符合通用的标准。这种常规化的标准往往会使设计形成一定的套路并受到束缚，而现代环境的变化迅速，此时的消费者常常不满足于常规，开始追求设计概念或形式创新的个性设计。此外，现代科技的发展与人们对传统文化的回归以及环境的变化并生，这也促使现代服装设计朝着创意化的趋势发展。

一、艺术与科技融合的创意化设计趋势

作为造型艺术的服装与科学技术有着千丝万缕的联系，从服装演变的历史来看，它的每一次变化发展，几乎都与科学技术的进步紧紧地联系在一起。工业革命后，随着生产力的发展，服装的科技因素越发明显。特别是进入信息社会以后，科学观念和文化艺术相互交融，各自的发展都有了新的生机和活力（图1-16）。因此，服装艺术也因注入了新的科学精神和科技元素而大放异彩。

图 1-16   艺术与科技融合的创意化服装设计

现代科技是服装设计的物质技术基础，艺术设计要遵从技术的规律，使设计出来的作品在技术上易于实现，遵从技术设计的功利性要求，最终实现的产品要符合市场的要求；艺术设计是服装设计创新的根源，要借鉴现代艺术和现代文化的精华，将其运用到服装设计中，才能够推陈出新，使二者相辅相成。

二、时尚与个性融合的创意化设计趋势

流行时尚是现代社会中令人瞩目的现象，它是指某种形式（表现在服装中为色彩、款式、质地和图案等）在特定时期内受到社会上某一部分人较为普遍的赞同和欢迎。个性是指个体的特征或特有的形式，它具有某种可以确认且有别于其他形式的品质或特点。

虽然时尚表现为趋同，个性化表现为求异，但两者并非水火不相容。以个性的眼光看时尚，可以看到时尚现象后的背景、产生的种种原因等与之配合的东西；而当把时尚交织在新的形象中时才能懂得取舍，散发出它们所表达的气息。现代的流行时尚的概念不仅仅是目前在流行什么，它的年代跨度很大，这给当前的服装设计留有很大的选择余地。现代服装设计让人发现适合自身特点的美，同时能生活在时代的风尚里，做到既个性又时尚（图1-17）。

图1-17 时尚与个性融合的创意化服装设计

三、传承与创新融合的创意化设计趋势

服装作为一种文化，有着深远而多姿多彩的悠久历史。不同的地域、气候和

民族风俗等造就了不同的民族服饰文化。各国特有的历史，也造就了各国特有的服饰文化。在物质生活日益丰富的今天，由于国际间的不断交流，服饰的民族性和传统性也逐渐模糊。但反过来看，现代服饰设计中的民族性和传统性并没有消亡，在某种意义上来说反而增强了。例如，20 世纪 70 年代，三宅一生、高田贤三、山本耀司等日本时装大师将东方服饰的精神和技术融入现代西方服饰，创造了令西方人惊诧不已的服饰形象，那种宽松的造型、衣料自由的褶皱和人体与服装间的空间，令西方人大开眼界。以日本与欧洲的接触为开端，欧洲人也开始注意到东方国家文化的神秘性和原始性正是后工业社会中西方社会特别缺乏的，设计师开始在古老文明中寻找设计灵感和能够启发构思的元素。目前出现的这种回归现象，与人类走进 20 世纪末时自然流露的忧虑心理和怀旧情绪有关。但是民族传统设计是强调服饰的形款，还是强调服饰的一种传统神韵或一种文化精神，这两种思路所产生的结果是不一样的。只有浸润在传统文化中，去感受、体验、把握传统文化的神韵，才能演绎出有意味的、包含特定传统生活内容、民族情感和传统文化神韵的服饰形式，用传统服饰的"意"来表现现代服饰的"形"，从而使服饰充满时尚感（图 1-18）。所以，传承与创新的融合，就是要做到国际性和民族性、传统性和现代性的融合。

图 1-18　传承与创新融合的创意化服装设计

四、能源利用与环境保护融合的创意化设计趋势

如果说 20 世纪末的设计师们是以对传统风格的扬弃和对新世纪的渴望与激

情，用充满生命活力的新艺术风格来迎接 21 世纪。那么 21 世纪的设计师们则更多地以冷静、理性的思想来反省一个世纪以来设计的历史进程，展望新世纪的发展方向，而不仅仅是追求形式上的创新。事实上，进入 20 世纪 90 年代后，服装风格上的花样翻新似乎已经走到了尽头，设计需要理论上的突破。于是不少设计师转向从深层次上探索设计与人类可持续发展的关系，力图通过设计活动，在人、社会和环境之间建立起一种协调发展的机制，这标志着服装设计发展史上的又一次重大转变（图 1-19）。

图 1-19　能源利用与环境保护融合的创意化服装设计

第二章
服装创意设计思维能力的培养

服装设计及其相关艺术审美创造，具有综合性和复杂的思维形式，需要设计师具有高度的想象力和创造力，以及强大的创意设计思维能力。因此，培养服装设计者的创意设计思维能力，对于服装设计而言至关重要。服装创意设计思维能力既是设计师个人才华的体现，也是形成和转化为服装设计产品的先决条件。本章拟对服装设计者创意设计思维能力的培养进行概述。

第一节　创意与创造性思维

一、创意与服装设计

（一）创意的特征

创意指的是创造新意，即寻求新颖独特的某种意念、主意或构想。创意也可以是一种创造性活动，其行为结果必须是独创的、新颖的。创意还可以是具有创造性的想法，并具备可以付诸实践的手法、方法或手段。总之，创意是一个灵性的词汇，没有固定的说法，无法从理论的层面死板地定义它。创意源自生活而高于生活，每个人对生活感受的不同，故其对创新的理解也自然不同。在这里将创意定义为具有新颖和创造性的想法，能够用种种新颖的设计打破旧生活形态的构架。创意的特征主要有六点，见表2-1。

表2-1　创意的特征

特征	介绍
开拓性	打破惯性思维，挑战一切陈旧落后的习俗规矩，开拓新的思维角度
自主性	永远相信路不仅仅只有一条，条条大路通罗马，不盲目跟风，有自信
超前性	永远不要满足昔日的辉煌，要不断超越自己
挑战性	创意往往是对旧的事物模式、观念提出质疑和挑战，提出新的看法，没有任何现成的结果可以借鉴，所以具有挑战性和风险性
能量无限性	创意无重量，但创意可以创造无限的价值，无数事实证明了这一点
新奇性	渴望新的事物、新的行为，喜新厌旧是人性的本能，所以创意思维是积极的人生体验，是可以带来无限快乐的体验过程

（二）服装设计中的创意

服装的创意和其他艺术形式的创作活动有许多共同之处，设计师如同艺术家一样将生活中得来的诸多表象素材作为材料，围绕一定的主体倾向进行艺术构思，从而获得最初的艺术意向。当最佳想法从一大堆想法中脱颖而出后，这一最佳想法从产生到付诸实践的过程就是服装创意设计。但并不是所有的新想法都可以变为现实，这中间有一个从想象到现实的转换，这种转换需要有新鲜力的刺激。创意设计可以天马行空，设计转换则需要理性分析、具体描绘和技术支持。所以新产品的诞生是新思想与新技术的平衡，是二者的完美结合。

服装的创意有十个特征，见表2-2。

表2-2　服装创意的特征

特征	介绍
社会性	服装的创意最终需要得到社会上的消费群体的认可，因此在创意过程中要紧密联系社会，站在消费者立场上进行创新
吸纳性	根据服装的特点，全方位地整合时代气息、文化、信仰、设计、美学、个性、技术等一切流行时尚的社会、人文等资源
目的性	创意的主流艺术方向要明确，需要整合的资源要清晰
前卫性	好的创意不仅仅要展现现在的流行，还要对未来发展做出准确判断，引领时尚的潮流

特征	介绍
体系性	符合服装创意设计、生产、宣传、销售的立体型体系
灵活性	服装创意方法并非一个定式的方法，风格、素材、文化内涵都会随着时代的变化而变化，需要顺应变化灵活调整，保持其前卫性和时尚性
专业性	专业的设计师、专业的社会组织、专业的赛事和专业的时装周活动等
继承性	在前人的经验基础上发展
表现性	时装设计的各个环节都具有表现性，特别是时装展演
品牌性	品牌是时装的个性形象

（三）服装创意的思维因素

服装创意思维是感性的，也是理性的、复杂的创造性思维，具有非逻辑性、非程序性的特点。如果一件服装作品没有创意，缺乏内涵和新意，不值得推敲，观赏能力差，那么它必定很难受到人们的欢迎。

在服装创意思维的因素中，直觉、灵感、想象是最重要的思维因素，它们在创意中往往起突破性和主导性的作用，正是由于这些作用，服装创意思维才会呈现出神奇莫测、变化多端、丰富多彩的面貌。每一个因素在思维过程中所起的作用不同，既有理性的判断，又有想象的空间，也有非理性的直觉、灵感与想象，有时在睡梦之中都有创意思维的闪现。在服装创意思维过程中，创意火花的闪现并不是由一个因素决定的，而是多种因素同时作用的结果，既有建立在对比联想基础上的思想活动，也有灵感迸发的情趣激动和对问题获得深刻理解的顿悟，在多种因素的相互碰撞下，设计者才能迸发出创意的火花。

1.服装创意的直觉

直觉在服装创意构思中起着积极的重要作用。接受外界信息，用信息来驱动创意直觉，是每一位设计者都必需的职业要求。同时，每一位设计者都有非常敏锐的观察力和敏感的直觉，这是在长期的专业知识熏陶和设计经验积累的结果。有了这种直觉，设计师就可以在收集和整理服装资料时，瞬间地捕捉到、感受到所需的服装资料和信息，进而去关注和研究它。在服装创意构思的深入阶段，设计师凭直觉能判断出所设计的服装样式是否成立，是否能达到预期的效果，从而及时地调整设计思路和设计形式，让预期的效果准确地表达出来。法国的著名设计大师皮尔·卡丹（图2-1），是第一个敲开中国封闭大门的服装设计大师，也是第一位在中国举办时装设计展示会的设计大师。在当时，国民刚刚从动荡的年代中走出来，对时装的概念还不清楚，这位设计大师就凭借着独有的眼光和直觉来到了中国，给我国人民带来了华彩亮丽的服饰，让人明白了何谓服装设计，怎样穿衣打扮，感知到了巴黎时尚和服装事业的魅力。另外，许多服装设计师都以敏锐的观察力和感知力，将东西方各自的文化精华相互交融，设计出了举世瞩目的作品。由此可见，运用直觉思维因素，既可得到新的启示，又能拓展设计思路，在感受和吸收新元素的前提下，创作出具有现代意识的作品。

图2-1　皮尔·卡丹的服装设计作品

2.服装创意的想象

想象是人思维中最奇妙的一种现象，是创造性思维中最直接、最丰富的动力和源泉，是在人脑中对已有的表象进行加工而创造新形象的过程。

服装的创意更需要想象，没有想象人们就不会产生丰富的情感和激情，更不会创造出丰富多彩的服装结构与造型，也无从塑造出人们理想的着装形象。因此，想象应是一个不受时空限制、自由度极大、富于激情的思维形式。人们在服装创意构思过程中，常常是将古代与现代、时尚与传统、东方与西方、民族与民族之间的元素进行海阔天空、自由自在的遐想。俗话说："海阔凭鱼跃，天高任鸟飞。"想象的空间是无限的，是不受任何条文规定的。日本设计师三宅一生的创作灵感常常来自对未知的想象，带有浓厚的神秘色彩。他极具艺术家的精神与气质，凭借丰富的内心世界和丰富的想象力，将服装中的艺术属性最大限度地发挥出来，设计出形态差异很大的服装形态。他设计的服装并不是在模特身上创造的第二层皮肤（图2-2），而是以哲理性思想和丰富的想象，给身体与衣服之间保留了造型空间，在服装结构上任意挥洒，释放出无拘无束的创造激情。这种无结构模式的设计方式，摆脱了西方传统的造型模式，使服装设计扩展到一个前人从未涉足的领域。因此，丰富而浪漫的想象力是设计师不可或缺的主观条件。

图2-2　三宅一生的服装设计作品

3.服装创意的灵感

灵感是一种富有魅力的思维和一种突发性的心理现象，也是其他心理因素协调活动中涌现出的最佳心理状态。处于灵敏状态中的创造性思维，反映出人们注意力的高度集中、想象力的骤然活跃、思维的特别敏锐和情绪的异常激昂。例如，法国时装设计大师让·保罗·高缇耶被称为"灵感的发动机"，从带有朋克的内心精神到超现实主义的立体派，再到传统文化，都是他作品灵感的来源（图2-3）。他时常从前卫艺术、博物馆、戏剧、朋克、杂货摊等处吸收灵感，他说："灵感，最初只是一颗令人兴奋的火花，是我将它变成一种语言，经过长期的摸索和构思，就形成一系列服装。"❶灵感是人们思维活动中产生的一种质的飞跃，一种心灵的飞跃。在服装创意行为过程中，再也没有比一个灵感意念产生一个既有独创性又含有深刻含义的构思放射出的智慧之光，令人感到鼓舞和欣慰。捕捉灵感，是每一位设计者追求的目标。

---

❶　胡小平．现代服装设计创意与表现［M］．西安：西安交通大学出版社，2002：34.

图 2-3 让·保罗·高缇耶的服装设计作品

每一个季节和流行趋势都伴随着新的款式、新的色彩和新的面料的涌现。设计者把自己丰富的想象力、情感、审美品位和创新思想，通过大脑的创造性思维活动，借助服装这个特色的造型艺术形式表现出来，使其创造意念和内在思想构成具体的服装设计形式。无论是传统与现代并存，还是时尚与流行共载，都是求得各种阶层消费者在内心思想和情感上的一种认同。服装创意，在主观上是设计者阐述个人思想、抒发个人情感的一种方式；在客观上是提高消费者审美意识、倡导时尚流行、开辟服装更新发展新境界的一种途径。创意就是一切，将思维的潮流、新颖的创意和丰富的人文理念融入时装，可以实现以时装反映时代发展方向的效果。

二、服装设计中的创造性思维

（一）创造性思维对服装设计的重要性

创造性思维是指有创见的思维，发挥创造性思维，不仅能揭示事物的本质，而且能提出新的、更具市场竞争力的设计方案。

服装既属于物质文化领域，又属于精神文化范畴，它是艺术和技术的结合，是科学和艺术的融合，是实用和审美的统一。除了应有的实用功能，服装还具有满足人类感官需求的审美性。一部服装发展史，实际上就是服装艺术和技术的创造史。因此，服装设计是一个复杂的思维过程，服装的艺术创造既需要形象思维，又需要抽象思维；既需要想象力，又不能脱离包装人体、制作工艺这些现实条件的制约和市场的检验。因此，作为服装设计师，首先应当具有正确的设计

观 —— 是设计而不是抄袭，这就需要具有高度的想象力和创造力，能够掌握发散思维的方法，还要懂得服装的商品性和实用性，了解抽象思维的内涵，进而掌握抽象思维的方法，如此才能创造出实用而且新颖的服装产品。

（二）服装设计中创造性思维的设计方法

创新性思维方式要通过具体的设计方法落实在服装创新设计之中，创新性思维设计方法能够进一步开拓设计者的思路，并从宏观的角度上解决设计中的问题，这是实现服装创新设计的主要手段。先导性服饰文化首先是在设计理念和思维方式方法的先导，其先导创新性思维体现在对事物认知的扩展、联想、转移、逆向等综合不确定性思考，并以此形成对思维定式的突破。

服装设计中创造性思维设计方法主要有七种，见表 2-3。

表 2-3 服装设计中创造性思维设计方法

方法	介绍
物形结合法	物形结合法是指将两种或两种以上事物的原有功能结合起来，产生新的具有复合功能的设计作品。这种设计方法在各种设计领域应用广泛。例如，在电子类产品设计中，把时钟、照相机、游戏机、计算机、手电筒等结合在一起，出现了具有多种复合功能的手机；在服装设计中，通常是将服装中不同功能的零部件或两种以上的新造型结合起来，设计出创新造型和功能兼具的服装，如背包和服装结合在一起产生了行囊装，帽子与上衣结合在一起产生了连体帽
联想拓展法	联想拓展法是以某一现象、事物或某种寓意观念为原型，尽可能地展开联想后而得到创新性作品的设计方法。由于每个人的文化背景、生活经历和艺术修养不尽相同，人们对同一原型展开联想时所获得的最终结果也是不同的。例如，以"和平的名义"为主题进行服装的设计，运用联想拓展法，有的人想到了和平鸽，和平鸽是传递和平心愿的信使，而信件是各民族书写和平文字的方式，这是以正面的和平元素进行的设计；也有人想到了战争带来的流离失所、孤儿和饥饿等，以反面元素来烘托和平的主题进行设计，虽然都是对同一主题进行联想拓展设计，而最终所提取的设计元素和表达方式却截然不同。即便每个人对同一原型联想拓展设计的结果不同，但所获得的都是颇具新意的创新设计作品
整体法与局部法	整体法是先确定事物的整体框架，然后再配合局部造型的设计方法。它较容易从整体上控制设计结果，并且全局观念强、整体造型鲜明。局部法是先确定事物的局部形态，然后配合整体框架的设计方法，它与整体法反道而行，并且较容易把握局部效果，精细周到、灵活多变。在服装设计中，设计者可以受某种灵感的启发先确定整体轮廓，再配合领、袖、口袋等局部造型，也可先确定局部精致而特别的造型，再配合整体框架进行设计，但要做到整体与局部协调，避免出现与整体不相干的局部造型，或是只有整体的协调而没有局部设计创新的作品
逆向反对法	逆向反对法是指在与原有事物相反或相对的位置上，进行思考来得到设计结果的方法，它对原有事物的突破性较强。在服装设计中运用相反或相对的思维方法，对原本符合规律的要素与穿着形式进行思考，最终得到反常规的创新设计作品。例如，上装与下装的逆向反对、男装与女装的逆向反对、前片与后片的逆向反对、内衣与外衣的逆向反对、宽松与紧身的逆向反对等，这些逆向反对设计具有个性前卫、意料之外的特点

方法	介绍
极限夸张法	极限夸张法是把原有事物的某一特征进行极度夸张或缩小，在这个夸张或缩小的范围内寻找一种新的表现形式。服装设计中常将服装的造型、色彩、材料等要素进行极度夸张或缩小，来获得创新性的设计作品。例如，裤子的裤腿可以极限夸张到具有裙摆大小的裤裙，也可以缩小到短紧贴身的形体裤；上衣的翻领可以夸张为大披肩，也可以缩小为细带状的领子。但在这极限夸张与缩小之间产生的新造型，却需要设计者做适当的把握
转移变更法	转移变更法是指将原有事物合理的变化转移到另一事物中，以寻求突破产生创新的结果。在服装设计中是指将其他不同性质的物形、物象相互碰撞，或是将设计元素进行变更产生新的服装。例如，将西装元素转移到休闲装中，产生了休闲西装，或是将某一动植物本身的造型与色彩元素转移到服装中，产生新视觉感观的服装
形量增减法	形量增减法是对服装中已出现的款式造型、色彩、面料、结构、工艺和饰物等相关设计元素，根据流行时尚引导性需求，进行增量或减量设计。此方法能够使设计作品呈现复杂化或简单化。通常在追求奢华的高级时装、高级成衣设计中会运用形量加法，在崇尚简约、功能性的成衣设计中会运用形量减法。形量增减法也会受到当时社会服装流行和着装观念的影响

第二节　服装创意设计的思维方式

创意设计的思维是突破常规的设计思维，是针对设计需求进行创造与拓展的思维。它具有丰富的内涵、超越的想象和充沛的情感，不同于通常意义上的逻辑化思维和程序化思维。

一、服装创意设计的主要思维方式

（一）逻辑思维方式

设计是一项充满创造性的工作，每个新款式从酝酿到诞生皆经过设计者一番苦心孤诣的思考过程。其中，设计思维运用的好坏直接影响到设计产品的优劣。

设计是为了某种目的制定计划、确立解决问题的构思和概念，并用可视的媒体表现出来。所谓设计思维，就是构想计划一个方案的分析综合判断和推理的过程。这个过程具有明确的意图和目的趋向，与人们平时头脑中所想的事物是有区别的。人们平时所想往往不具有形象性，即使具有形象性也常常是事物表象的复现。设计思维的意向性和形象性是把表象重新组织安排构成新形象的创造活动，故设计思维又称为"形象思维"和"创造思维"。

设计思维时常伴随灵感的闪现和以往经验的判断，从而完成思维的全过程。思维是因人而异的，每个人的思维与他的经历、兴趣、知识、修养、社会观念等息息相关。任何一件服装的设计都是多种因素的综合反映，因而就出现了差异设计方案，也就出现了优劣之分。服装的设计思维方法是多种多样的，逻辑思维是其服装设计最基本的思维方式。

（二）形象思维方式

当代服装设计早已不是保暖等服装机能性的简单设计，而是从实用功能转向满足审美需求的艺术创新。服装设计用美轮美奂的形象来传导信息、表达美感、表现思想、传达理念、倾诉情感，带给人们极其丰富的视觉魅力和文化内涵。对服装设计师来说，那丰富的想象和联想、连串的灵感和构思、众多的元素和语言，历来都是偏向形象思维的创造。

形象思维是指以具体的形象或图像为思维内容的思维形态，是人的一种本能思维，是人类能动地认识和反映世界的基本形式之一，也是艺术创作主要的和常用的思维方式。在服装设计活动中，从收集素材直到塑造服装形象所进行的思维活动和思维方式，因为和形象的关系密不可分，所以称为形象思维，又叫艺术思维。

思维活动始终结合着具体生动的形象，这是形象思维最基本的特点。所谓形象，是指经过艺术加工而反映客观事物的一种特殊形式，即根据现实生活的各种现象加以选择，进而所创造出来的具有一定思想内容和审美意义的生动图景。形象思维离不开想象。想象是形象思维的基础，是一种不受时间、空间限制，借助想象、联想、虚构来达到创造新形象的思维过程，具有浪漫的色彩。想象是服装设计不可或缺的手段，是服装艺术审美反映的枢纽。服装设计师通过对客观世界的观察，将无数形象在头脑中储存起来形成表象，再经过分析、选择、归纳与整理重新组合。通过蕴含在设计作品中的理想形象对感性形象进行设计，去伪存真、由表及里、筛选出合乎要求的形象素材，再在想象基础上将各类元素进行有机结合，服装设计创意便得到发挥。服装艺术形象所引发的想象应尽量扩展空间领域，使之表现为联想丰富、幻想联翩、意象纷呈，以至艺术情趣连绵不断。形象思维活动必须借助艺术所特有的语言和材料，否则就不可能完成艺术形象的全过程。服装设计艺术，就是在充分显示材料质地的前提下，充分发挥和利用各种服装造型语言，按照形式美的规律，合理布局，不断创新和创造，赋予服装丰富多彩的情趣和艺术。

总之，形象思维的过程，是从印象到意象再到形象的逐步深入的过程。服装设计师在分析研究之后，选取并凭借种种具体的感性材料，通过想象、联想和幻想，伴随着强烈的感情和鲜明的态度，运用集中概括的方法，塑造完整而富有意义的艺术形象，以表达自己的创作设计意图。

（三）联想思维方式

联想思维是人类与生俱来的本能，是最基础的思考模式，它是指人脑记忆表象系统中，由于某种诱因导致不同表象之间发生联系的一种没有固定思维方向的自由思维活动。其主要的思维形式表现为幻想、空想、玄想。其中，幻想在人类的创造活动中具有重要作用。

人的思维是人脑对客观事物间接的概括反映，是人脑对感知觉所提供的材料进行"去粗取精、去伪存真、由此及彼、由表及里"的加工，是对事物的本质属性和内部规律性的反映，属于认识的高级阶段。人脑思维的基本单元是神经元，而神经元的基本机能是在刺激作用下产生兴奋和传导。所以联想思维模式具有一些基本表征，它是由两个或多个思维对象之间建立联系，具有较强的连续性。人们在进行思维时，脑海中出现的首先是视觉的片断，所以需要对思维对象进行形象的概括，以利于大脑信息的储存和检索，活化创新思维的活动空间，并且能为其他思维方法提供基础和原材料。

联想思维又分成相似联想、相关联想、对比联想、因果联想四类，见表2-4。

表2-4 联想思维的区分

类别	简介
相似联想	指由一个事物外部构造、形状或某种状态与另一事物的类同、近似而引发的想象延伸和链接
相关联想	指联想物与触发物之间存在一种或多种相同而又具有极为明显属性的联想，如看到鸟儿想到飞机，由蘑菇想到小伞，水中的鱼儿让人联想到自由等
对比联想	指联想物与触发物之间具有相反性质的联想，如看见黑夜联想到白昼，处在炎热的夏天联想到冬日的冰冷等
因果联想	源于人们对事物发展变化结果的经验判断和想象，联想物与触发物之间存在一定的因果联系，如由毛毛虫联想到美丽的蝴蝶，看到姹紫嫣红的花朵联想到丰硕的果实等

（四）发散性思维方式

发散性思维方式又叫辐射思维或求异思维，它是指人们以一个目标思维中心的起点出发，沿着不同方向、不同角度而做的各种可能性联想、想象或设想，寻找各种途径和方法来解决问题的思维方式。其目的性明确，具有很强的逻辑性和推理性，且设计思维在构思过程中不断深化。

发散性思维方式在服装设计中主要对设计构思起指导作用，包括链接式线性发散思维方式和辐射式面性发散思维方式。

链接式线性发散思维方式是以创造性主题为思维起起始点，进而一环套一环，一步接一步，逐渐向外扩散延伸的一种思维方式，其思维呈现出线形的轨迹，具有连续性和自由任意性的特点。此种发散性思维是尽可能地让思维网络张开，不受思维定式和条条框框的限制。从思维的起点到终点可能会相差甚远，但涉及的面会很广，且有时从一个思维点转换到另一个思维点的过程中，还可以得到十分绝妙和意想不到的灵感。例如，18世纪欧洲服饰文化中的洛可可服饰风格，以遍布全身的福铜、花边、刺绣和微妙的色彩给现代服装设计提供了无限的创作灵感。

辐射式面性发散思维方式是紧紧围绕着创造性的主题，从而进行不同方向的发散性想象思维，其思维轨迹呈现出辐射状，也具有链接式线性发散思维中连续性和自由任意性特点，但它每一个发散思维点都与主题直接相连，所以又具有跳跃性和表意性的特点，即人们在对一个服装创新设计主题构思时，构思的内容可以涉及多个方面，这些方面之间联系不大，有很强的跳跃感，但又都是对这一主题的分析结果和表现。例如，设计师卡尔·拉菲尔德为香奈尔服装品牌设计的服装，无论时尚怎样变化，也无论拉菲尔德怎样进行创新和演绎的跳跃，人们都能从中找到香奈尔服装的影子，品味出香奈尔服装内在的主题精髓，这其中的跳跃性和表意性是显而易见的。

（五）收敛性思维方式

收敛性思维方式又被称为"聚敛思维"或"集中思维"，是在已有的众多信息中搜索、寻求或推断出一个最终理想答案或最优方案的思维。在思维过程中，它对信息进行概括、推理、比较、判断，使之朝着核心目标的方向聚敛集中，形成较为理想的答案。这种思维对认识事物本质、揭示客观规律有重要作用，是从事创新性思维活动中重要的一部分。

发散性思维方式可以为一个目标提供许多种途径、方案和方法，但其所提供的并不都是最有价值的和最理想的，因此有必要紧紧围绕着目标主题进行比较、评价和取舍这些选择，这个取舍选择过程就是收敛性思维的过程，而这个取舍选择又需要相当的概括和指向性，也就是说收敛性思维方式具有概括性和指向性的特点，这些特点对服装设计创新思维有着十分重要的作用。

在服装设计中，收敛性思维方式始终以一种强大的驱动力，使设计者朝着最终目标进行各种创造性设计活动，并且以向心力将发散性思维产生的创造性思维活动指向最终服装设计的主题。

（六）逆向思维方式

逆向思维是相对于常识常规而反向思考的一种方式，这种方式使人站在习惯性思维的反面，从颠倒的角度看问题。服装的创意就是要突破设计的传统和常规，突破传统风格和格式化，突破行业惯用的设计概念和手法，多角度、多方向地探讨各种对立或融合的元素，寻求对立或组合的可能性。

逆向思维存在于多个领域和活动中，具有一定的普遍性。它的形式更是多种多样，如性质上对立两极的转换，软和硬、高与低等；结构、位置上的互换颠倒，上和下、左与右等；过程上的逆转，从气态变化为液态，电转换为磁，等等。不论哪种形式，只要从一方面联想到与之对立的另一边，都是逆向思维。

在服装设计中，逆向思维可以在设计风格、着装观念、款式设计、材质搭配、色彩组合、工艺制作、搭配形式等多方面展开。设计中常见的逆向思维类型主要有三种，见表2-5。

表2-5　逆向思维的类型

类型	简介
反转型逆向思维	这种思维模式是指从已知事物的相反方向进行思考，产生发明构思的途径。例如，牛仔裤是穿到下身的，反过来想想，是否能应用到上身，如此，保留裤装的基本结构和特征，进行一些改装，就能创造出一些新的服装款式
转换型逆向思维	这种思维是指在研究问题时，由于解决该问题的手段受阻，因而转换思考角度，或采用另一种手段，创造性地解决问题的思维方法。例如，亚历山大·麦昆的一次有趣的服装发布，模特都穿着纯白色的服装上场，T台两旁则是两组巨大的颜料喷枪，随机地为服装喷上颜色。设计师在进行服装设计时并没有按照常规思维购买成花色的面料，而是采用了转换型逆向思维，直接将色彩喷溅到服装之上
缺点型逆向思维	这是一种利用事物的缺点，将缺点变为可利用的东西，化被动为主动，化不利为有利的思维方式。这种方法并不以克服事物的缺点为目的。相反，它是将缺点化弊为利，创造性解决问题。例如，曾经风靡一时的破洞装，就是典型的缺点型逆向思维，服装上的破洞本是服装的缺点，常规思维是进行缝补，缺点型逆向思维就以破洞作为特色来开展服装设计，反而成为一种流行

（七）柔性思维方式

柔性思维方式是创新性思维方式中最主要的思维方式，它是一种灵活、多变和多维的思维方式，有很强的适应性、包容性、融合性，同时所获得的思维结果也具有多样、多重的效果。在服装设计过程中运用柔性思维方式，可以提高服装设计作品的个性、原创性、艺术性和生命力。

服装设计过程中的柔性思维方式具有不固定性和融合性的特征。在现代多元化的服饰着装理念下，人们已不再拘泥于单一的着装方式，而是追求更加多样的、个性化的服饰装扮来表达自己的喜好和需求。这就出现了对服装多样化、差别化的要求，要满足这种要求，就不能再局限于一种固定的设计思维模式，而是要不断冲破固定式思维的局限，运用多变的、灵活的以及多维的柔性思维方式发掘出无限的联想和创作灵感，进而完成各种多姿多彩的设计结果。这便是柔性思维方式中不固定性特征的体现，即没有固定的思维模式和没有固定的思维结果。

服装设计中柔性思维方式的融合性，主要表现在所融合的形式和多种多样的内容，即在服装中融合了当下人们的思想观念、意识形态、价值取向和生活方式等。过去人们对服装的阶层属性十分讲究，在购买服装时会考虑到是否符合身份、场合，但随着时代变迁，人们的思想观念发生了变化，对过去服装上所带有的界限属性模糊化。例如，现代服装中将原本是男装中的军旅或西装元素运用到女装服饰中，女装中的收腰造型也运用到了男装服饰中，还有朋克、嬉皮风格的服饰，这在过去是不能被人们所接受的，但今天人们可以根据自己的喜好进行穿着。因此，许多设计师对服装的融合性设计越来越讲究，开始兼容各种流行元素、服饰现象、审美和功能，以适应现代社会的价值取向和多元文化并存的意识观念，最终设计出更丰富、更新颖的服装。

（八）虚拟性思维方式

虚拟性思维方式是对先导性服饰文化表达最直接的创新性思维方式，这种思维方式是指人们在从事各种创作活动过程中，采取一种用现实符号或自然内在规律在自由、超脱、虚幻的层面上所进行的创造性想象的思维方式。此种思维方式下的作品新颖独特，与传统观念背道而行，是具有创新性的，但却以现实存在的基本要素或内在规律来表达，通常是荒谬与真实并存，表现出较强的视觉冲击力而令人回味。虚拟性思维方式具有虚幻、模拟和原创性的特征，见表2-6。

表 2-6 虚拟性思维方式的特征

特征	释义
虚幻性	虚幻特征是在大量发散性思维的基础上，进行自由的想象来打破思维定式，冲破现有知识和传统观念的束缚，使人的思维想象驰骋在一个无拘无束的境界之中，从而在兴奋、流畅和敏捷的状态下进行作品的创新性设计
模拟性	模拟特征是指虚幻性想象和创造下的任何表现形式，都是在理性和逻辑思维潜意识的支配下对现实事物的模拟表现。即便是以全新的形式和面貌呈现在人们眼前，也是在现实事物的影响下进行虚幻性思维的模拟
原创性	原创性高是虚拟性思维方式最突出的特征，这是由于在虚幻性的想象及联想下，原创性为人们营造出一种有利于创造灵感产生和诱发灵感产生的状态。人们的思维从自由、虚幻和兴奋的状态中深入潜意识的层面，对现实事物进行模拟而非模仿

（九）跨界思维方式

"跨界"是一种通过不同媒介和多种渠道来实现设计思维上的嫁接，但这种嫁接不是思维的叠加，而是一种设计意识的全新再造，这种再造打破了行业之间的"界"，使得设计元素从事物的表面升华到立体化的多元素融合。例如，汽车与服装、服装与建筑、平面与室内、混合媒体与平面等多个领域的交流与跨界，打破了各自的界别形态，形成了各种新奇的创意主题。

跨界是当今设计界一种新锐的设计态度和设计方式，通过跨界思维，人们能够在继承所跨之界各自优秀特性的基础上，创造出超乎寻常的创造性价值。跨界设计作为当前一种科学、理性的设计思想和创新理念，可以说是当代艺术与传统历史再生整合的结果，也可以说是设计师在转换角度之后对所创造对象的重新解读。

（十）无理思维方式

无理思维方式一种非理性的、散漫的、随意的、跳跃的、具有游戏性质的思维方式。这种思维方式在设计之初并没有具体的目标和设计方法，而是受到某种事物的启发、刺激而萌生的设计灵感过程。它打破合理的思考角度，选择不合理的角度进行思考，从这些不合理中寻找灵感，整理出较合理的部分展开设计。

无理思维以自由嫁接的态度对待事物，对规律提出质疑，并对合理性和规则进行拆解和破坏，是一种超然、调侃的思维。在这一思维的指导下，满是破洞的军装与妖娆的蕾丝花边混合使用、将服装反面的线迹外露出来、用餐桌上的刀叉装饰女性的晚礼服等设计应运而生。这种思维方式可以充分挖掘现代社会中大众文化追求表层感官满足的特性，将许多设计进行创新组合，通过传统形式美和艳俗内容的结合让设计以妖艳、媚俗的美感来嘲弄往日的审美标准，这种调侃的思维方式带来的设计结果，可以博得社会大众的关注与兴趣。

（十一）独创思维方式

在视觉艺术思维的领域中，艺术的创作总是强调不断创新的，在艺术的风格、内涵、形式、表现等诸多方面强调与众不同。不安于现状、不落于俗套、标新立异、独辟蹊径，这些都是艺术家终生的追求。当艺术家在创作中看到、听到、接触到某个事物的时候，要尽可能地让自己的思绪向外拓展，让思维超越常规，找出与众不同的看法和思路，赋予其最新的性质和内涵，使作品从外在形式到内在意境都表现出作者独特的艺术见地。

独创性思维要求艺术家在艺术思维中不顺从既定的思路，采取灵活变的思维战术，多方位、跳跃式地从一个思维基点跳到另一个思维基点，那些遨游在思维空间的基点代表着一个个思维的要素，如在视赏术创作中需要考虑的风格、流派、色彩、图案、题材、材料和肌理等。多一个思维的基点，就多一条创新的思路，艺术家要从众多的思路中寻找出最新、最佳的方案。

独创性的视觉艺术思维训练强调个性的表现。任何艺术作品如果没有独特的个性特征，则容易流于平淡、落入俗套，个性表现是艺术的生命力所在。艺术创作的审美需求是不可重复的，对于同一个艺术形象，每个人的感受是不同的，都有自己的审美体验，表现出人们的个性特征。

独创性的视觉艺术思维能力还可通过视错觉和矛盾空间造型的训练方法获得。在日常的艺术创作中，人们往往习惯于接受符合常规的视觉形象而忽视变异的方法，而艺术作品如果看上去总是一板一眼没有变化，便容易令人生厌。在平面设计中，视错觉方法在一定程度上体现出与众不同的创作思想。视错觉又称"错视"，指在特定条件下，由于受外界刺激而引起的感觉上的错觉。例如，人们在停着的火车上看另一列刚刚开动的列车时，一时间会误认为是自己所乘的列车开动了，这是人们感觉上的瞬间错觉现象。缪勒莱耶错觉图（图2-4）中有两条等长的平行线段，在线段的两端各加上方向相反的引导线，将人的视觉向不同的方向引导，会使人产生上线短下线长的错觉。同样，原本是完全平行的线，分别用不同方向的线段进行分割交叉排列，由于重复排列的线条导致视觉引导力，人便产生了线条排列的方向错位感、不平行感甚至线段的弯曲感。人们在创作时可以尝试一下错视思维法，在人们看惯了的视觉形象中有意识地将局部进行错视处理，如利用线条的方向、线条的穿插、图形大小的对比、图的反转等方法，使人产生非自然的视错觉，达到一种独特而又富于变化的艺术效果。

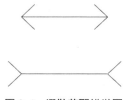

图 2-4　缪勒莱耶错觉图

（十二）流畅性和敏捷性思维方式

思维的流畅性与敏捷性通常是指思维在一定时间内向外"发射"出来的数量和对外界刺激物做出反应的速度。说一个人的思维流畅、敏捷，通常是指他对所遇到的问题在短时间内就能有多种解决的方法，如在最短的时间里对某事物的用途、状态等做出准确的判断，提出较多的处理方法。

科研人员用现代化仪器测定，人的思维神经脉冲沿着神经纤维运行，其速度大约为 250km/h。不同的人，其思维的流畅性和敏捷性是有区别的。❶ 例如，人们面对同样一个问题，有的人想不出解决的办法，有的人能做出十几种乃至几百种判断并迅速想出相应的处理方法。

思维的流畅性和敏捷性是可以训练的。例如，美国曾在大学生中进行了"暴风骤雨"联想法训练，其实质就是训练学生以极快的速度对事物做出反应，以激发新颖独特的构思。在教师出题目之后，学生将快速构思时涌现出的想法——记下来，要求数量多、想法好，最后再对这些构思进行分析判断。经过这方面的训练，人们发现，受过这种训练的学生与没有受过训练的学生相比，思维的敏捷性大大提高，思维也更加活跃。

二、服装创意设计思维方式的一般规律

服装创意设计的思维规律是有迹可循的。类比大量的服装设计作品，有三种并存的指导思想对各种设计创意的产生有较明显的影响：一是模仿型，二是继承型，三是反叛型。

（一）模仿型

模仿是最古老、生命力最强的设计思想，是人类最早的创造方式。模仿型设

---

❶ 王艺湘 . 视觉环境图形创意 [M]. 北京：中国轻工业出版社，2017：43.

计是从模仿自然开始的。当天然工具已不能满足需求时，人类便创造了人造工具，从自然获取灵感，使人造工具与自然物相似，且具有更为有效、更为持久的功能。在高科技时代，模仿的水平又有了进步，直至模仿人脑智能的计算机以及机器人的出现，人们还是没有完全摆脱模仿的设计思想。

无论是功能性模仿还是形式模仿，模仿型设计思想都不是自然主义的，它包含着创造性思维"举一反三"的因素，是创造性的初级形式。模仿型设计思想虽然不是人类创造性的全部，但是一个很好的开端和基础。

（二）继承型

继承也有模仿的意味，但原型是前人的创造物，并蕴含着批判的成分，反对照搬陈旧，主张推出适应时代发展的东西，是模仿加改良的设计思想。我国继承型服装设计的代表当属旗袍。旗袍原本是满族妇女的服装，是一种直筒样的袍子，20 世纪二十年代以后，经简化和改进成为靠腰贴身的轻便女装，从普通妇女到上流社会都广为流行，20 世纪三四十年代曾与欧化时装同时受到欢迎。中华人民共和国成立后，人们崇尚朴素，欧化时装几乎在一夜间遭到鄙弃，只有旗袍仍占有一席之地，甚至成为出国女服中最富有魅力和民族性的款式。从 20 世纪 20 年代到 80 年代，旗袍在服装设计发展过程中始终集民族性、时代感和女性于一身，能为各种思想所接纳，实为不多见的例子。

（三）反叛型

反叛型设计思想要求设计有独特的新颖性，与常规性的服装设计相区分。要求人们敢于跳脱常规的思维，创造出与众不同的服装产品。需要注意的是，独特、新颖不等同于怪异、荒诞，仍然需要具有服装的美感。

三、服装创意设计思维方式的基本特征

创意思维的基本特征包括独创性、跳跃性、综合性、突发性四个方面，这些特征是其他思维形式所不具备的。它是一个优秀的设计师必须具备的卓越品质，也是一个成功的服装设计得以产生的前提。从创意思维的特征中，可以了解到潜意识、图形识别等人脑智力思维活动深层功能的奥秘。

（一）独创性

设计的过程是一个探索的过程，探索充满了思考与创造的因素。创意思维要

解决的问题就是创造前所未有的东西或形式，解决前人没有解决过的新问题。创意思维是一个具有强烈个性色彩的过程，即所谓的独创性。

创意思维具有打破惯有思维模式、赋予设计对象全新意义的独创性，独创性是创意思维最具代表性的基本特征。一般性的思维可以按照现成的逻辑去分析推理，而创意思维则不然，它不是自然物质的再现和重复，而是在此基础上的创新，具有崭新的面貌，要求独具创意，另辟蹊径。独创心意，就是要敢于打破陈规，锐意进取，勇于向旧的传统和习惯挑战，敢于对人们司空见惯或认为完美无缺的事物提出质疑。创意思维的创造性是独特的，从来没有两个设计师会迸发出完全相同的创意火花，创作出完全相同的产品来。

独创性要求设计者具备流畅力、变通力、超常力、洞察力等多种智力因素。流畅力是指设计思路畅通，想象力丰富，能提供多种方案解决设计上的问题；变通力是指思维变化多端，能迅速灵活地转移思路，由此及彼，触类旁通，弹性地解决设计问题；超常力是指设计思路与众不同，能突破惯性思维，提出新颖独特的解决问题的办法；洞察力是指能迅速抓住设计物的本质，使设计简洁化、条理化，并能加以完善和补充。独创性还要求设计师具有不满足感、好奇心、成就欲、专注性等心理因素。不满足感是指设计师在设计过程中善于发现设计物的某种缺陷，并想方设法加以改变；好奇心是指设计师对设计物的研究有不可遏制的求知欲望，兴趣广泛，乐于探索；成就欲是指设计师具有敢于冒险，想成就一番事业的挑战精神；专注性是指设计师在设计上如痴如醉、锲而不舍的执着追求。创意思维的独创性是设计师在长期的社会实践中积累的结果，无论是创造构思的求索、知觉信息的筛选、油印条件的妙用，还是设计灵感的显现，都离不开设计师的社会实践。

（二）跳跃性

创意思维的跳跃性，一方面是指在常规的思维进程中，省略思维进程中的某些步骤，从而加大思维的跨度；另一方面是从思维条件角度来讲，指人们在研究设计对象、进行思维界定并展开意念创造时，从逻辑思维暂时中断，到创新思维飞跃，在这个跨越推理式的思维质变过程中迅速完成"虚体"与"实体"转化的过程。在这一过程中，除了具有显现的、可控制的显意识反映形式，还有潜在的、不可控制的潜意识反映形式。在创意思维的过程中，对问题的最终突破往往表现为从逻辑思维的"中断"到思维上的"飞跃"，这种思维跳跃性不是巧合，而是源于设计师长期知识的积累。在多数情况下，人们的思维活动往往因潜意识长时间、多方面的周密思考不断积累，从而使思维处于一种饱和的受激状态。这时可能在一个简单的外因触发或思维牵动下，新的设计思想、设计观点、设计方案就会在瞬间迸发出来，形成直觉顿悟或想象构思。

（三）综合性

创意思维过程是一个不断调整和修改的思考过程，当一种思路受阻时，立即进行调整修正，实行另一条新的思路，直至最后达成预期的目的。设计不同于绘画，服装设计的创造性决定了其设计内容和范围的广泛。在创意思维过程中，任何一种单一的思维形式都不可能很好地解决设计问题，而是需要多种思维形式的综合运用，只有这样才能有效地进行创意思维活动，才能适应设计的需要。

（四）偶发性

在服装设计活动中，偶发性往往会因为某种因素的刺激在人们毫无戒备的状态下突然显现出来。作品的创作过程中，创意的出现往往是突然而至、转瞬即逝的，不由人们自己的意志所决定，也不是能够预期的。如果创意突然来临时，艺术家没有及时捕捉，这个想法就会消失。创意的出现能够打破人们的常规思路而产生特殊的效果，人们的思维活动会突然开辟出一条新的路子，达到一个前所未有的新境界。这种思维活动为人们的视觉艺术创作突破常规思路，创造出更好的作品提供了机会。

第三节　服装创意设计的构思形式

构思，指作者在创作过程中所进行的一系列思维活动，包括确定主题、选择题材、研究布局结构、探索适当的表现形式等。在艺术领域里，构思是意象物态化之前的心理活动，是"眼中自然"转化为"心中自然"的过程，是心中意象逐渐明朗化的过程。❶

---

❶ 信玉峰 . 创意服装设计 [M]. 上海：上海交通大学出版社，2013：82.

一、服装创意设计构思的主要形式

服装设计师在设计创作思维的过程当中，必须有其出发点和创作的指导思想，以从整体上帮助设计师运用正确的思维方法来设计最佳方案。从古今中外众多的设计思维形式中，很难找到某种有规律而清晰可循的方法供今人描摹，但将其归纳整理，可总结出几个较为典型的类别。

（一）模仿

模仿可说是人类生活的本能，也是人类最为古老、最具有生命力的思维方式之一。随着社会的进步，人们的模仿由本能地、自发地模仿上升到有思考、有意识地模仿，而且模仿的水平也由简单逐步到复杂，飞机模仿鸟禽的飞翔、电脑模仿人脑的功能，虽然不是十分完美的，但对其"意"的模仿给设计创作提供了灵感的来源，并运用高科技的手段得以完成。

艺术的模仿更加注重装饰性和功能性，并从对自然的模仿当中得到艺术的灵感和艺术的升华。自然界绚丽多姿的自然景观，如花草、动物以神奇的美提供给设计师无穷的服装创作源泉。因此，服饰设计师能够在对自然、社会和生活的模仿中展示创作才华，不断地创新。

（二）继承

继承主要指对传统的模仿以及在模仿的基础上加以创新。传统是指在漫长的历史发展进程中形成的各种风格、形式和种类。因此，在服饰配件艺术创作过程中，人们应继承传统中优良的部分，剔除糟粕，结合时代形势，形成具有民族之风和时代之风的优良创作。

在历史上，艺术风格或样式的形成和演变是缓慢的，基本上是在后代继承前代的固有形式下，做一些局部的修正而形成较为创新的形式，但差距、变化不一定很大，它具有一定的普遍性和持久性。人们较易接受缓慢的改良，即使在科技发达、社会发展迅速的现代社会中，大多数人仍持有这种观点。

继承型的服饰设计形式强调推陈出新而不是照搬照抄，它与复古怀旧有一定的区别。艺术中的继承更强调对内容、形式、审美、风格等多方面的分析与学习，是一个复杂的过程。

（三）借鉴与创新

服装设计师在服装设计的实践中，要注意培养自己的创新能力和对自然、传统、新技术和多种艺术形式的借鉴能力。许多著名的服装设计大师，尤为重视借鉴与创新的作用，常常从不同的传统艺术门类中汲取灵感，启发设计构思，创作出别有新意的服装。

现今，科技的发展大大地拓宽了人们的艺术视野，为艺术设计带来了多元的创新启示。创作者通过对各类信息的搜集和积累增强了自身的艺术敏锐感，并结合创作对搜集的资料进行分类筛选，汲取精华进行创新。

借鉴的方式对设计者的设计思维有着独到的促进作用，它能够扩展思维范畴，使设计出的服装形式更加具有新意。

（四）流行导向型构思

流行是短时间内由社会上大多数人追求同一服装的行为，并背离以往穿着习惯的穿着方式，它具有连续性、感染性的特点，并以社会接受能力为依据和尺度，即在社会、民族、地域、文化等允许的范围内形成流行，而每个审美者又是依此进行自觉或不自觉的自我修正。

同世界上的事物都存在正反两方面一样，服装也是如此，既有流行服装，也有逆时款式，这是文化价值观成双对应现象。以趋众导向分析，在逆向心理的驱使下，即表现为非趋众行为和反趋众行为。前者坚持自己的行为方式和态度，不人云亦云、随波逐流，而是我行我素。这种人个性很强，具有独立的意识，不易为他人所动。而后者故意与大众或群体对立，不以大多数人的行为方式为准则，他们的衣着行为完全与流行趋势相背。这种反趋众的行为很值得研究，它往往孕育着下一个流行趋势，即在反趋众的事实中孕育着新的热点。因为当某种造型或色彩处于流行的盛期，也就是其走向反面的起点，所以，这种反趋众的服装行为往往给人以新的视觉感受，从而造成新的流行趋势。这是人们在研究服装流行时应充分留意的一种审美导向。

二、服装创意构思的思维方法

服装造型设计中思维方法具有重要的作用，它能帮助设计者理顺纷乱的灵感，进而赋予作品美妙的形式。服装造型设计的构思方法主要有发散式、收敛式、联想式、逆向式和模糊式五种构思方向，以及夸张法、借鉴法、重组法、增减法、逆向法、限定要素法、整体局部法七种构思方法。

（一）创意构思的思维方向

1.发散式思维

发散思维过程构成散射状，具有灵活跳跃和不求完整的特点。在设计中，发散思维应用于设计构思的初级阶段，是展开思路、发挥想象，以寻求更多更好的答案、设想或方法的有效手段。

在服装设计中，可以从如下几个方向入手进行发散思维的应用，见表2-7。

表 2-7　发散式思维的方向

思维方向	思维内容
材料发散	在设计中运用多种材料，以其为发散点，重在表现材料之间的丰富对比效果
功能发散	以服装的某项功能为发散点，设计出实现该功能的各种方式，或者设计出该功能的衍生功能
结构发散	以服装的某个结构为发散点，将这一结构进行转化设计，或者设计出实现该结构的各种可能性
形态发散	以服装的某一形态为发散点，设计出利用该形态的各种可能性
方法发散	以某种设计方法为发散点，设想出利用方法的各种可能性
组合发散	以服装本身为发散点，尽可能多地把它与别的事物进行组合，从而形成新事物

发散思维有时不仅需要设计师本人的智慧与创造力，有时候还需要利用身边的无限资源。例如，图2-5是三宅一生（Issey Miyake）秋冬 RTW 时装，设计采用了形态发散的思维方法；图 2-6 是范思哲（Versace）秋冬 CTR 时装，设计采用了结构发散的思维方法。

图 2-5　形态发散思维

图 2-6 结构发散思维

2.联想式思维

人脑思维的基本单元是神经元,而神经元的基本机能是在刺激作用下产生兴奋和传导。所以联想思维模式具有一些基本表征,它是由两个或多个思维对象之间建立联系,具有较强的连续性。[1]联想思维是最基础的思考模式。其主要的思维形式表现为幻想。幻想是人脑对感知觉所提供的材料进行"去粗取精、去伪存真、由此及彼、由表及里"的加工,是对事物的本质属性及内部规律性的反映,它属于认识的高级阶段。联想思维方式主要有以下几个方向,见表 2-8。

表 2-8 联想式思维的方向

思维方向	思维内容
相似式联想	指由一个事物外部构造、形状或某种状态与另一事物的类同、近似而引发的想象延伸和连接
相关式联想	指联想物与触发物之间存在一种或多种相同而又具有明显属性区别的联想,如看到鸟儿想到飞机,由蘑菇想到小伞,水中的鱼儿让人联想到自由等
对比式联想	指联想物与触发物之间具有相反性质的联想,如看见黑夜联想到白昼,处在炎热的夏天联想到冬日的冰冷等
因果式联想	源于人们对事物发展变化结果的经验型判断和想象,联想物与触发物之间存在一定的因果联系,如由毛毛虫联想到美丽的蝴蝶,看到姹紫嫣红的花朵联想到丰硕的果实等

在常见的联想思维模式中,有两种被广泛应用于艺术创造领域:第一种是灵感思维,它是形象思维的拓展,由直感的显意识扩展到灵感的潜意识。这种思维模式对于设计师尤为重要,它要求设计师在形象思维积累的基础上进一步挑选、

---

[1] 李红月,邱莉,赵志强.服装设计 [M].成都:西南交通大学出版社,2016.

归纳，最终从中快速获得灵感和领悟。❶第二种是直感思维，它是建立在经验或直觉的基础上，指导人类产生智能的行为。在具体的设计行为之前，设计师需要有意识地扩大和建立人们的感性材料储存，尽可能多地观察社会生活，积累视觉经验。例如，图 2-7 是亚历山大麦昆（Alexander McQueen）春夏 *RTW* 时装，设计采用了相似联想的思维方法；图 2-8 是马丁马吉拉（Maison Margiela）秋冬 *CTR* 时装，设计采用了相关联想的思维方法。

图 2-7　相似式联想思维

图 2-8　相关式联想思维

3.收敛式思维

设计深入阶段收敛思维的运用则是对设计师的艺术造诣、审美情趣、设计语言的组织能力和运用能力以及设计经验的考验。在服装设计中，当有了明确的创

---

❶ 张金滨，张瑞霞.服装创意设计 [M].北京：中国纺织出版社，2016.

作意向之后，究竟以什么形式出现，采用什么形态组合，利用什么色彩搭配，以及辅料的选择等具体问题都需一番认真地思索和探寻。收敛思维的运用可以使设计构思达到最佳状态，使主题得以充分的表现。同一个主题，一种意境，可以有许许多多的表现形式。例如，图2-9是西班牙设计师乔恩·米科·埃兹库尔迪亚（Jon Mikeo Ezkurdia）获得"汉帛奖"金奖的作品，设计采用的是收敛式思维的思维方法。

图2-9 收敛式思维的服装设计

4. 逆向式思维

逆向式思维是对司空见惯且似乎已成定论的事物或观点反过来思考的一种思维方式。人们习惯于沿着事物发展的正方向去思考问题并寻求解决办法，其实对于某些问题，从结论往回推，倒过来思考，或许会开辟出新的途径，甚至得到意想不到的答案。逆向思维存在于多个领域和活动中，具有一定的普遍性。逆向思维的方向有以下三种，见表2-9。

表2-9 逆向式思维的方向

思维方向	思维内容
性质上对立两极	软和硬、高与低等的转化
位置上对立两级	结构、位置上的互换颠倒，上和下、左与右等
过程上对立两级	从气态变化为液态，电转换为磁等

敢于"反其道而思之"，让思维向对立面的方向发展从问题的相反面深入地进行探索，树立新思想，创立新形象。逆向思维的形式更是无限多样，但不论哪

种形式，只要从一方面联想到与之对立的另一边，就是逆向思维。例如，图 2-10 是 CDG（Comme Des Garcons）秋冬 *RTW* 时装，设计采用了逆向思维的思维方法，夸张的造型充满了反叛精神。

图 2-10　逆向式思维的服装设计

5. 模糊式思维

当前流行中性化思潮，服装设计师们在服装的设计上就会刻意模糊男女装的性别界限以满足人们的这种审美需求。这种模糊思维弱化甚至改变了人们对于服装的一些约定俗成的观念，为创造新的潮流与时尚提供了新的思路。模糊思维在对形象思维和抽象思维的协调与融合上有着不可取代的作用。在服装设计中，模糊思维的应用比比皆是。例如，图 2-11 是 CDG 的秋冬 *RW* 时装，设计采用了模糊思维的思维方法，宽松夸张的造型满足了女性苗条腰线的需求。

图 2-11　模糊式思维的服装设计

（二）创意设计的构思方法

1.夸张法

在造型设计的时候，可以在原型的基础上无限改变服装的颈点、肩点、胸高点、腰点、臀点、腹点、膝点、踝点，甚至于侧缝线、肩缝线、袖口、裤袋、纽扣等细节部位，即运用夸张的手法达到一种新的视觉效果。例如，图 2-12 中，设计师汤姆·布朗（Thom Browne）将西装原本的结构分解，又重新组合成了如同拼贴画一般的奇异姿态；图 2-13 中设计师汤姆·布朗运用多元化的搭配，"黑"与"白"，"西装"与"婚纱"，这些看似"对立"的元素融合得恰到好处。

图 2-12　结构拼接的服装设计

图 2-13　大胆多元的服装设计

夸张法是将原有事物的特征进行极度夸张，在被夸张的范围内，寻找新的形式，这是一种极限的构思方法。[1] 例如，设计师川久保玲总是保持着独属于她的"反叛哲学"，从而诞生了许多颠覆人们想象力、视觉冲击感非常强烈的艺术品，川久保玲总以强势的姿态冲击着人们的眼球，却又偏偏能谱写成一曲又一曲美妙的艺术旋律。例如，图 2-14 的服装设计脱下后，还能重新作为"一幅画"被挂在墙上。

图 2-14　造型颠覆的服装设计

2.借鉴法

面对形形色色的国际潮流，设计者要虚心学习前人的经验，同时要有自己的见解和主张，切忌盲目照搬和抄袭。与此同时，借鉴需要广度，除了古今中外的服装文化，还要涉猎从社会科学到自然科学的各个领域，要热爱生活，对一切事物感兴趣，要有强烈的好奇心，这样才能广开思路，广泛借鉴。例如，图 2-15 借鉴了中国古代皇帝龙袍上的龙纹和日本浮世绘图案，设计出充满庄重感和美感的服装。

图 2-15　龙纹（左）和浮世绘（右）的服装设计

---

❶　韩兰，张缈.服装创意设计 [M].北京：中国纺织出版社，2015.

3.重组法

所谓重组，就是重新组合。在服装设计中，重组法是指两种或两种以上现有的元素打破原来的组合方式，重新结合起来，产生新的复合功能。例如，图2-16采用了体块拼贴的方法重组了服装的造型元素；图2-17采用了结构重组的方法进行服装设计。

图 2-16　体块重组法的服装设计　　　　图 2-17　结构重组法的服装设计

4.增减法

在服装造型设计的时候，增减的依据是流行时尚。近年来，女装流行的荷叶边、褶皱等设计手法都是对增减法的运用。增减法是指增加原有事物中必要的部分或删减原有事物中多余的部分，使其复杂化或简单化。例如，图2-18就是运用了增减装饰要素的设计方法；图2-19运用了增减结构要素的设计方法。

图 2-18　增减装饰要素的服装设计

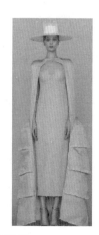

图 2-19　增减结构要素的服装设计

5. 逆向法

在造型设计的时候，逆向思维可以帮助设计者走出困境，打破传统框架，进而设计出新颖的廓形，也可以促进裁剪和工艺手法的革新。逆向思维是一种比较特殊的思维模式，是指把原有的事物放在相反或相对的位置上进行思考，这是一种能够带来突破性思考结果的方法。例如，图 2-20 采用了让服装缺口的设计方法，反常态而行之，塑造出新奇的服装设计形象；图 2-21 采用了和常态服装设计相反的做法，让服装呈现镂空状态，也是逆向思维的运用典例。

图 2-20　"缺口"的服装设计　　　　图 2-21　"镂空"的服装设计

6. 限定要素法

设计是根据被限定的要素演变延伸，进而达到和谐统一的效果，限定要素法指在某些设计要素被限定的情况下进行设计。设计者在设计初期就可以从这个角

度开始思考，按照已经被限定的一个部位或者一个细节进行设计。❶

7.整体局部法

整体是造型的主体，表现自身的形式美感，而局部的小形式是辅助整体设计的因素，整体与局部呈相辅相成的关系。在服装造型设计中，如何处理整体与局部的关系是不可忽略的。这种构思方法要求设计者考虑从整体开始向局部推进或以局部为出发点推向整体。

❶ 杨晓艳.服装设计与创意 [M].成都：电子科技大学出版社，2017.

第三章
服装创意设计的方法与程序

创意是服装设计的关键，服装设计的意义就是充分发挥创意思维，用服装形象表现出设计者的设计思想和设计意图。本章深入探究服装创意设计的原则、定位和灵感来源，以及服装创意设计的程序，力图较为全面地厘清服装创意设计的整个环节。掌握服装创意设计的方法和程序对服装设计具有重要的意义。

第一节 服装创意设计的原则

服装创意设计是服装艺术性与服装实用性的统一，应当遵循以下原则：对称原则、比例原则、均衡原则、对比原则、视错原则和调和原则。

一、服装创意设计的对称原则

从构成的角度来看，对称是图形或物体的对称轴两侧或中心点的四周在形状、大小和排列组合上具有对应的关系，在对称的构成形式当中，一般常用的有左右对称、局部对称和回转对称等。对称具有严肃、稳定、大方、理性等特征，对称的造型形式，从古至今在多样的艺术类型中影响广泛，如古代建筑、文字、诗词、器皿及图案等。造型艺术最基本的构成形式，通常离不开对对称的把握。服装创意设计的对称原则包括以下三个方面，见表 3-1。

表 3-1　服装创意设计的对称原则

方面	介绍
左右对称	服装左右对称是最基本的形态，是依据人体体形左右对称的构成形式而来的
局部对称	服装在符合人体体形左右对称的大的构成形式下，还需要满足部分小的结构的对称，即局部对称
回转对称	在服装设计中，有时为了能使服装在视觉上突破呆板的构成格局并在平稳当中求得一定的变化，可将图形对称轴某侧的形态反方向排列组合，这种构成方式被称为回转对称

左右对称、局部对称和回转对称的特点如下：

左右对称：从视觉上来说，左右对称有时会显得呆板，但由于人体是每时每刻都处于运动状态的，在视觉的拉伸下，自然会弥补这种呆板的感觉。

局部对称：这种形式的运用，其位置是要精心考虑的，一般是在肩部、胸部、腰部、袖子或利用服饰配件来完成的。

回转对称：回转对称的形式一般是利用服装的结构处理、面料图案或装饰点缀等来实现的。

二、服装创意设计的比例原则

比例原则指整体与局部、局部与局部之间，通过面积、长度、轻重等的质与量的差别所产生的平衡关系即为比例关系，当这种关系处于平衡状态时，即会产生美的视觉感受。对于服装设计来讲，其比例原则主要体现在以下几个方面，见表 3-2。

表 3-2　服装创意设计的比例原则

方面	介绍
服装色彩的比例	设计服装时，要充分考虑其整体色彩与局部色彩和局部色彩与局部色彩之间，在位置、面积、排列、组合等方面的比例关系及服装色彩与服饰配件的色彩之间的比例关系等
造型与人体比例	服装造型与人体形成比例关系时，最直观的是整体造型感觉。例如，上衣与裤子的比例、衣服与身体胖瘦等的比例关系，其多数是通过科学的剪裁和缝制工艺的合理性来完成的。准确把握服装设计和服装工艺中的比例关系，可以充分显示穿着的艺术效果
配件与人体比例	除了服装要与人体保持一定的比例关系外，服饰配件作为服装功能性或审美性的构成元素，其比例也不可忽视，如帽子、首饰、包、鞋子等的结构、大小及与人体比例关系，都要达到适度的要求

三、服装创意设计的均衡原则

在服装设计中，均衡是指体形中轴线两侧或中心点和四周形态的大小、虚实、疏密等虽不能重合，但通过变换位置、改变面积、调整空间等能够取得整体视觉上平衡。均衡形式较于其他对称方式显得丰富多变。在服装造型的构成中，均衡通常通过以下元素来体现，见表 3-3。❶

表 3-3　服装创意设计中表现均衡原则的元素

元素	介绍
口袋	口袋作为服装功能性的构成要素，其一般处于对称状态，但通过对其位置、大小的转换或故意采取不对称的形式，又能够调节服装造型的气氛，使之活跃，在视觉上也能产生均衡的艺术效果
门襟和纽扣	门襟和纽扣是不可分割的同一类要素，两者中任何一项的位置发生改变，另一项也就随之改变。这种改变的方式，在服装设计中常常被用作服装的多种造型的变化。另外，两者在服装造型中通常处于比较醒目的位置，它们的变化协调，也可以产生均衡的视觉效果
装饰手段	不同面料的图案、花纹及不同质地的面料装饰是服装装饰的主要手段，其一般表现方法是利用挑、补、绣以及镶嵌、拼接等装饰工艺手段来进行。这种表现手段在某些服装的构成中，依据造型的风格要求，将其装饰在服装的适当部位，再配以一些装饰配件，从而在整体造型上达到均衡的视觉效果

在服装的造型中，利用衣服上下、左右、前后及一些具体结构中色彩的相互配置和搭配，可以丰富和增强服装造型的艺术审美价值。

四、服装创意设计的对比原则

为突出和强化设计的审美特征，使艺术效果更加醒目和强烈，通常运用对比关系。对比是两种不同的事物对置时形成的一种直观效果。对于服装造型来讲，对比的运用主要表现为以下几个方面，见表 3-4。

表 3-4　服装创意设计的对比原则

方面	介绍
面料对比	服装面料的肌理极为丰富，设计中运用其对比关系，如粗狂与细腻、挺括与柔软、沉稳与飘逸、平展与褶皱等，使服装的造型能够体现不同个性的审美感受
色彩对比	在服装的色彩配置中，利用色相、明度、纯度和色彩的形态、位置、空间处理形成有序的对比关系。在进行色彩的处理时需要注意对比双方色彩面积的比例关系，色彩面积的大与小，色彩量的多与少，会影响色彩的对比程度

❶ 王小萌，张婕，李正. 创意服装设计系列 —— 服装设计基础与创意 [M]. 北京：化学工业出版社，2019：145.

方面	介绍
款式对比	在服装的整体结构中，款式的长短、松紧、曲直及动与静、凹与凸的设计，会构成多种新颖别致的视觉效果

服装的色彩对比需要注意：同样是两种对比色，当对比色的面积比例是 1∶1时，其对比的效果最为强烈；当对比面积的比例是 10∶1 时，其对比的效果就会减弱许多。此外，在色彩的纯度和明度上也要有所考虑，一般在相对比的两种色相中，大面积的色彩其纯度和明度应低一些，小面积的色彩其纯度和明度可高一些。这种对比关系具体在设计上，其小面积高纯度、明度的色彩可以出现在服装的局部结构上，如衣领、袖口和口袋上等，也可以出现在配件上，如首饰、围巾、帽子、手套和挎包等。

五、服装创意设计的视错原则

在服装设计中，利用视错原则来进行结构的线条处理，能够强化服装造型的风格和特色。现实生活中人们常常有这样的体验，无数条密集排列的线形成了面，横格使之宽阔，竖条使之狭长；胖人显得矮，瘦人显得高；等等，这些都是人们视觉中的错觉现象，一般简称为视错。在服装结构的处理中，人们经常采用的有以下五种形式，见表 3-5。

表 3-5　服装创意设计的视错原则

形式	介绍
横线分割	横线分割常常运用在男性的服装造型中，多出现在衣服的肩部、胸部或腰部等位置。由于横线能将人的视线横向延伸，因此会产生宽阔、健壮的感觉
竖线分割	竖线分割一般运用在女性的礼服和连衣裙设计中，多出现在衣服的中缝线、公主线或衣褶等位置。由于竖线能将人的视线纵向延伸，因此会产生挺拔修长的感觉
斜线分割	与竖线和横线分割相比，斜线分割显得更加活泼和别致，运用的范围也更加宽泛
自由分割	自由分割所呈现的视觉效果是最为潇洒和自如的，但要善于体会其中的分寸感，力求做到恰当和适度，运用得好能够使服装造型富于浪漫色彩和超前意识
横竖线分割	在一些中性化的服装造型的结构中，也经常综合运用横竖线的分割，其效果比单纯的横线和竖线分割更为丰富一些

六、服装创意设计的调和原则

服装是立体的形态，其美感体现在各个角度和各个层面，服装的结构如果缺乏一定的秩序感和统一感，就会影响应有的审美价值。调和一般是指事物的构成要素在质和量上均保持一种秩序上的关系。在服装设计中，调和则主要是指各个构成要素之间的秩序感在形态上的统一。服装造型中的调和运用常常是通过以下几个方面来体现的，见表3-6。

表3-6 服装创意设计的调和原则

方面	介绍
整体结构分割	在服饰的整体结构上，款式的前后结构的分割中有类似的形态或处理手法出现，在整体视觉上要形成统一的感觉。如前身腰节处是断开的，后身腰节处也需断开；前身结构有省道，后身也应有省道出现
局部结构处理	在服装的局部结构上，衣领、口袋、袖子等为了达到协调的效果一般用类似的形态和方法进行统一处理，但这种统一又会使服装整体造型显得单调，于是局部结构的处理显得至关重要，如对其大小、疏密及空间的相互关系进行把握，可以使之调和又富于变化
工艺手段和装饰手法	在选择面料、辅料的图案装饰风格和肌理效应上，可对服装工艺手段和装饰手法达到一定的统一性。这种有序的、统一的手法在服装工艺的缝制和装饰风格上，能够达到整体协调的视觉效果

第二节 服装创意设计的定位

准确的定位是服装创意设计的前提，服装创意设计的定位包括消费定位、营销策略定位和发展规划定位几个方面。

一、服装创意设计的消费定位

服装创意设计要赢得市场，准确的消费定位非常重要。服装创意设计的消费定位包括以下七个方面。

（一）品牌的市场定位

品牌服装以其良好的信誉、个性鲜明的风格、优秀的设计与做工，受到广大消费者的欢迎与信赖。对于服装品牌的设计、生产、销售来说，最重要的前提是对消费市场做出准确的定位，确立品牌发展的方向，以此制订企业品牌相应的发展计划。品牌的市场定位可分为两类：一类是按照目标消费者的特征来定位；另一类是按照消费者的反映来定位。

（二）消费对象的定位

服装设计必须要有明确的使用主体，切实把握使用主体的形象特征，是设计的主要条件之一。消费对象的特征可以从以下七个方面进行分析，见表 3-7。

表 3-7 消费对象的特征

方面	介绍
性别、年龄	男装、女装，童装、青少年装、中老年装
职业情况	高级白领、工薪族、公务员、教师、自由职业者
经济状况	高收入、中产、低收入及是否有固定收入等
文化程度	文化程度和文化修养往往影响消费者的服装审美与品位层次
穿着场合	写字楼环境、社会活动环境，还是休闲、旅游等场合
生活状态	每个消费层都有自己相对固定的生活状态，这种生活状态影响着消费者的服装审美需求
文化习俗	文化习俗直接影响消费者的服装审美和需求

（三）地域、风俗的定位

1. 地域定位

地理区域的定位，是根据目标消费者所处的城市状况、人口密度、气候特征等来定位的。比如说，一个城市的大小、经济情况直接影响到人们对流行的接受程度。而气候的冷暖特征，则直接影响到每季新款式的投放。❶

2. 风俗定位

不同的民族、不同的地区都有着相应的社会文化背景和由此而形成的文化习俗，如风土人情、生活习惯、色彩偏爱、装扮特点等，这些因素直接影响着消费者的服装审美和需求。

（四）服装价格的定位

品牌会根据设定的消费群的收入和接受程度来确定产品的价格档次。市场上的服装产品分为低档、中档、高档等不同的层次。一些品牌为了扩大自己的消费

---

❶ 杨晓艳. 服装设计与创意 [M]. 成都：电子科技大学出版社，2017：223.

群体，会采取二线、三线等副线品牌，并制定相应的价格档位以适应不同的消费群体。以意大利品牌范思哲为例，其系列服装定位见图 3-1。

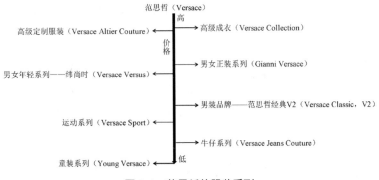

图 3-1 范思哲的服装系列

（五）着装场合的定位

所设计的服装是在什么场所、什么地方、什么环境使用，是设计师必须要考虑的一个重要因素。着装场合即着装的场所、环境。环境包括自然环境和社会环境两种，社会环境包括工作场所、学习场所、娱乐场所等；自然环境指海滩、森林、高山、平原等大自然环境。

在日常生活中，人们涉足的场合有很多，如运动场合，由于运动的种类很多，不同的运动，运动地点、场合条件不同，服装要求也不同。同样是晚会或参加派对，但派对的目的、地点、场合、条件各不相同，设计师必须仔细考虑许多细节问题，以使着装与场所的各项条件，如室内室外、装饰风格、灯光效果等达到协调。

（六）服装类型的定位

1. 产品类别的定位

服装设计的款式、色彩、面料及配件等，需要具备一定的创意和独特之处，同时考虑新产品以何种形式出现，比如，是以套装形式出现，或者以裙套、裤套形式出现，还是以三件套或自由套装形式出现等。产品类别是在深入地进行市场考察的基础上确定的，特别是要研究市场上同类产品的现状，并根据企业自身的特点、优势等，准确地把握和确定新产品的类型。

2. 产品档次的定位

产品档次需要根据企业自身的条件和水平来确定，并且考虑到消费者的实际需要和对产品的认可程度。企业的自身条件和水平，包括生产规模、机械设备、人员素质、设计能力、管理水平、面辅料来源、工艺流程等，应极力避免不顾企业的实际情况，一味好大喜功而拔高其产品档次，导致产品质量失信于消费者而影响企业的声誉。

3.产品批量的定位

当服装的类别和档次确定之后，需要对产品的产量有一个切实可行的计划，是小批量还是大批量，应以市场销售状况为前提。

（七）服装风格的定位

产品设计的艺术性和科学性决定了产品的风格，产品风格代表了企业的整体形象特色，因此，要善于在服装设计、原材料的选择和工艺流程中逐渐形成自己的个性风格。产品的风格一旦被市场认可，就意味着企业及其产品在消费者心目中树立了信誉，而良好的信誉对于企业的发展是极为重要的。产品风格大致包括以下四个方面，如表 3-8。

表 3-8　服装风格定位的考虑方面

方面	介绍
产品造型	服装设计的造型要有一定的特色，其中包括款式结构、色彩配置、面辅料选择、工艺处理、装饰手段以及服饰配件等
产品质量	产品质量一般包括款式的机能性、面辅料的物理性能、样板的准确程度、缝制工艺的精良程度、产品后整理技术等
号型制定	根据各地区消费层的体型特征，以国家统一的服装号型为依据，制定科学、准确的号型。产品号型力求齐全，并且照顾到特殊体型的消费者
品牌制定	制定新颖的、有特色的产品商标、品牌，包括包装纸、购物袋等，以引起消费者对产品的兴趣和购买的欲望

二、服装设计的营销策略定位

服装设计营销策略的定位包括三个方面，具体如下。

其一，销售地点定位：根据产品的性质选择最为合适的销售地点，需考虑销售地点的顾客流量及购物的内外环境等因素。

其二，市场策略定位：服装产品投放市场应考虑投放市场的时间、批量、途径。产品投入市场需要把握最有利的时机（如夏装进入市场的最佳时机是春末夏初），以最为适度的批量，通过有利的途径将产品推向市场（抓住购买旺盛期，城市一般在重大节日之前），最大限度地实现企业的经营目标。

其三，促销方式定位：企业应利用广告及各种传媒介绍产品的特点，以指导消费。同时，还可运用服装展示手段、样品赠送、优惠券以及售后服务等方式进行促销。

三、服装产品的发展规划定位

企业要建立一整套既行之有效，又富有开拓精神的为实现新产品发展规划和发展战略的保证体系。

（一）产品评价定位

企业应根据产品通过市场经销后反映出来的各方面的情况、各种具体的数据，进行全面的、综合的分析，并提出改进意见和措施。其中包括产品在市场竞争中的优势和劣势，改进产品结构、降低成本、提高利润的具体计划，产品的营销手段是否科学，制定改进各个生产工序的安排表和工艺流程表等。

（二）发展目标定位

产品发展目标是指产品在原有的基础上是否扩大生产规模或转产，是否在发展生产方面有新的设想等。另外，审核有关设计部门和其他部门在一定时期内需要做的工作计划以及预定的目标。

（三）发展战略定位

企业的发展战略是指在某一时期内企业需要达到何种知名度，如何加强企业与消费者之间的密切联系，如何扩大消费者对本企业形象的再认识等。

（四）CIS 广告战略定位

CIS 广告战略是指完善和改进以确立企业形象和扩大知名度为中心的宣传战略。CIS 是 Corporate Identity System 的缩写，意思是企业形象识别系统，由 MI（理念识别，Mind Identity）、BI（行为识别，Behavior Identity）、VI（视觉识别，Visual Identity）三方面组成。❶

---

❶　王志惠. 服装设计与实战 [M]. 北京：清华大学出版社，2017：150.

第三节　服装创意灵感的来源

服装创意设计的灵感，是指人们创造力高度发挥的突发性思维，是思想高度集中、情绪高涨、思维成熟而突发出来的创造能力，是设计者通过对不同素材的观察、理解、领悟和转化而获得的。多样化的灵感可以丰富设计者的创作，促进设计者更好地开拓思维，更好地完成造型设计。

灵感可源于大千世界中的任何物质形态，包括有形的物质形态，如山川、建筑、家具等，以及无形的物质形态，如思想、音乐、社会、历史、艺术等，它们均可成为造型灵感的来源。灵感可从造型的总体需要出发进行取舍与合并，寻找采集素材中与造型形态之间相互吻合的类似元素，在似与不似之间组成全新的造型。

一、服装创意灵感来源的途径

灵感是指人们长期从事于某一事物过程中产生的突发性思维。灵感在人类思维活动的潜意识中酝酿，在不经意中突然闪现，是人类创造过程中一种感觉得到却看不见、摸不着的东西，是一种心灵上的感应。灵感在平时是无法预想的，是偶然产生的，在人类的创造活动中起着非常重要的作用，许多发明创造和攻而不克的难题是靠灵感的闪现来完成的。虽说灵感的出现带有突发性和偶然性，似乎捉摸不定，但是灵感也带有专注性和增量性，因而有某种必然性。消极地漫想、无奈地等待灵感出现是不可取的，应该主动积极地寻找设计灵感。要想获得丰富的灵感，就必须经过一定的积累，服装创意灵感来源的途径有以下几个。

（一）阅读途径

设计师必须先学习很多知识，然后经过消化和吸收，最后转化到自己的作品中。所以大量的阅读是保证原材料充沛的最好方式之一。了解的门类越广、知识点越全面，得到的资讯才可能越丰富。现在互联网非常发达，网络上的信息非常充足，可以借助互联网这个平台来了解更多的服装设计知识。

（二）观察途径

反省一下对周围的世界是不是太漠视，对身边的一切是不是早已习以为常，从而失去了兴趣。尝试多留心、多观察，时刻保持一颗童心，世界也许会呈现出不一样的面孔，观察活动是服装创意设计中获得灵感的途径之一。

（三）思考途径

有了阅读和观察做基础，头脑中储存的资讯和知识也多了起来，储备、扩充知识是第一步，紧接着需要培养独立的思考能力。也许这个时候，离灵感的火花只有一步之遥，多思考，灵感总是源于深思熟虑之后。

（四）实践途径

尝试各种绘画材料，可以把一些非常规的材料整合到一起，也可以对其改造、转化，让其可以应用到服装设计之中，实践出真知，实践是服装创意设计灵感的重要来源。

（五）讨论途径

扩大交际圈，结识不同层面、不同类别的人，并且常常和他们交流自己的想法，也许会带来很多思想的碰撞和灵感的火花，交流讨论能够帮助激发服装创意设计的灵感。

二、服装创意灵感来源的方面

服装设计大师克里斯汀·迪奥说："我所到之处，床上、洗浴间、餐桌旁、车中、街头、灯下，不分昼夜，我都在不停地设计。在床上、洗浴间，我感到灵感特别好，因为似乎忘记自身的存在，心驰神往。石块、木头、生物、机械的动作、光线等都成为小小的媒介，我借助它们可以立即捕捉到灵感。"[1] 此话一语道破天机，点中灵感的来源 —— 灵感无处不在、无时不在。许多成功的设计往往是在灵感突现的一刹那才形成的。灵感的来源主要包括以下几个方面。

---

[1]　陶音，萧颖娴. 灵感作坊 —— 服装创意设计的 50 次闪光 [M]. 杭州：中国美术学院出版社，2007.

（一）灵感来源于生活之中

灵感出现在人的设计思维中，却源于客观现实世界，任何灵感不可能是无源之水、无本之木，而是生活中的万事万物在人的思维中长期积累的产物。艺术设计中的灵感往往与生活息息相关，生活中存在的任何事物都可能成为设计素材。

生活中常见的形象经过放大、夸张以及重组后，可以形成新的造型款式。例如蛋糕造型的服装设计，在保留部分原有特色之后经过新的细节改变，或者通过加大以及采用夸大的外形设计产生新的服装造型，为服装构思增添了丰富的造型元素（图3-2）。

图 3-2　蛋糕造型的服装设计

（二）灵感来源于自然之中

自然界中的任何存在都可能激发人的思维，使人从中捕捉到灵感，优美的风景、漂亮的花草、风雨雷电、河流山川甚至自然万物的生长灭亡都会给人以灵感。大自然孕育了人类，也是人类创作活动中永远取之不尽、用之不竭的源泉。例如，古代服装上的图腾纹样，日、月、山、星辰、水藻等都是自然存在的结果。再如服装中的锯齿形设计是由闪电生成灵感而进行的巧妙设计。自然之中的灵感来源大致分为三个方面，如下。

其一，植物形态：设计师们常常将花草树木的造型、色彩、纹理等运用到服装造型设计中，使得作品更加灵动美妙。

其二，动物形态：大自然中的飞禽走兽及各种昆虫的形态结构带给设计师无限的联想，动物天然的毛皮纹理也为服装设计师提供了丰富的设计素材。

其三，景物形态：大自然瞬息万变，自然景物也是多姿多彩。例如，天空和海洋的蔚蓝、溪水的清冽透明、晨雾的朦胧、岩石的纹理、水的流线型或涡旋形、海螺的螺旋形等都可以成为设计师们进行服装设计的灵感来源。

例如，我国传统的民族服装中，纳西族的服装极具仿生效果，其最具传统文化特色的皮披肩，就是模仿青蛙的身形做的，披肩上的七个圆形图案，模仿的是青蛙的眼睛（图 3-3）。

图 3-3　纳西族的服装造型设计

服装造型与自然的和谐统一，是美学在服装设计中的体现。我们经常见到的荷叶边、灯笼袖等都是对自然造型特征的模仿（图 3-4、图 3-5）。

图 3-4　荷叶边造型设计　　图 3-5　灯笼袖造型设计

图 3-6 是从火焰中获得造型灵感的服装作品，采用拟物的造型方法，表达出一种或张扬、火辣或另类的设计风格。

图 3-6　"火焰"造型设计

图 3-7 是从花朵中得到灵感的服装作品，服饰展现出花朵盛开时的娇艳姿态，衬托出女性的柔和优美，整个服装设计达到了一种自然和谐的效果，让婀娜摇曳的身姿在行走间浮游流动。

图 3-7 "花朵"造型设计

（三）灵感来源于时空之中

服装设计有其过去、现在和未来，是超越时空向前发展的。人们追溯服装的过去，就会沉浸在对古迹旧事的回忆中；人们立足服装的现在，就会追随时尚，研究流行；而当人们探究服装的未来时，又会充分展开想象，探索服装在未来发展中的各种可能性。在对过去、现在、未来的思考中，所有想到的与时空延续有关的东西都会成为服装设计的灵感来源，如有段时间服装设计中颇为流行的复古风就是迎合了人的怀旧心理（图 3-8）。

图 3-8 复古风创意服装设计

（四）灵感来源于姊妹艺术

从姊妹艺术中寻找设计灵感的主要表现是将姊妹艺术中的某个作品改变成符

合服装特点的形态。伊夫·圣·罗兰曾将蒙德里安、梵·高、毕加索、克里姆特等绘画大师的名作作为灵感，运用到其设计中。听到一段音乐或看着一段舞蹈，有时也会联想到服装的影子。

设计的一半是艺术，艺术之间有许多触类旁通之处。古今中外的姊妹艺术在很多方面是相通的，不仅在题材上可以相互借鉴，在表现手法上也可以融会贯通。绘画、雕塑、摄影、音乐、舞蹈、戏剧、电影、诗歌、文学等姊妹艺术是服装设计灵感的主要来源之一。

1.绘画

绘画不仅是服装设计的相关艺术类型，甚至可以说是服装设计不可分割的一部分，绘画中的线条与色块等都能被服装设计利用（图 3-9）。

图 3-9 灵感来源于梵·高《鸢尾花》的创意服装设计

2.建筑

黑格尔曾把服装称为"走动的建筑"，一语道出了服装与建筑之间的微妙关系。例如 14 ～ 15 世纪，受哥特式建筑风格的影响，欧洲出现的男士尖头鞋和女士尖顶帽均借鉴了哥特式尖顶建筑的特征。又如英国设计师亚历山大·麦昆曾直接以中国园林建筑中亭台楼榭为原型设计头饰来彰显他前卫的创作风格。还有瓦伦蒂诺从中国建筑的飞檐造型中得到启发，设计了翘边大檐女帽。建筑对服装式样的影响很大，这主要是由于它随处可见、易于了解。同时，服装造型艺术和建筑艺术都有着相同的设计原理和艺术表现形式，都是表现三维空间美的艺术，都有着长久的视觉生命力。图 3-10 是借鉴建筑物的形态设计的服装，其用与建筑形态相似的切割和造型手法，展现出一种神圣优美的形态。

图 3-10　灵感来源于建筑元素的服装设计

3.乐器

跳动的音符、优美的旋律、舒展的舞姿等都具有强烈的艺术感染力，都可以激发人的创作灵感，对服装的影响也是很明显的。图 3-11 是著名设计师卡尔·拉格斐借鉴乐器而设计的服装，他别出心裁地将乐器与人体巧妙结合，体现了他卓越的设计才能。

图 3-11　灵感来源于乐器元素的服装设计

4.影视

随着社会文化的发展，电影艺术在人们业余生活中占据越来越大的比重。图3-12 是以著名导演张艺谋指导的电影《影》为创意灵感来源，设计的具有中国水墨意境的服装。

图 3-12 灵感来源于影视元素的服装设计

（五）灵感来源于科技成果

某些科学研究的成果预示一个新时期的到来，意味着人类的思维方式将发生改变，并带动着生活方式随之变化，服装作为人人必需的生活用品，必将为新的生活方式服务。科技成果激发设计灵感主要表现在两个方面：

其一，利用服装的形式表现科技成果，即以科技成果为题材，反映当代社会的进步。20 世纪 60 年代，人类争夺太空的竞赛刚开始，皮尔·卡丹不失时机地推出"太空风格"的服装。在服装设计比赛中，也可以看到类似机器人一样反映科技题材的服装。

其二，利用科技成果设计相应的服装，尤其是利用新颖的高科技服装面料和加工技术打开新的设计思路。例如，可食面料的出现，容易让人想到去改进旅游服的设计 —— 荒野跋涉、饥不择食时，将旅游服拌上美味佐料便可饱餐一顿。

例如，图 3-13 采用了航空服装的特点和一些科幻元素，设计出具有科技感和未来感的服装。

图 3-13 灵感来源于科技元素的服装设计

（六）灵感来源于社会动态

"服装是社会的一面镜子"，敏感的设计者会捕捉社会环境的变革，推出极为时髦的时装。人们生活在现实的社会环境中，不可避免地受到社会的影响，设计者也不例外。社会环境的重大变革将影响到服装领域。不充分利用形形色色的社会动态为扩大自己的灵感范围服务，将是设计者自我封闭的行为，是流行行业不可理解的憾事。

由于社会大环境下发生的事情经过传播会成为公众关注的热点话题，影响广泛，因而，巧妙地利用这一因素设计服装，容易让人产生共鸣，使之具有似曾相识的熟悉感（图3-14）。多数人在接受新事物时怀有从众心理，他们不容易接受完全陌生的东西，更乐于接受已在一定范围内被承认的东西。

图 3-14　灵感来源于抗疫的服装设计

（七）灵感来源于民族文化

如果整个地球上的人说的是一种语言、归属一个民族，经济状况、生活习惯、思维方式等都是相同的，那么世界将会变得暗淡无光、缺乏生气，虽然消灭了差别，方便了沟通，但也会使精神生活单调枯燥、索然无味。正是每个民族拥有自己的文化，才使世界变得丰富多彩。民族文化使不同国家、地区和民族各具特色与个性。

设计者对本民族文化的开发利用有着得天独厚的优势，占尽天时、地利、人和之便利。对丰富的民族文化遗产的了解可以使设计者如数家珍，只要把灵感的罗盘拨向这一宝库，设计构思便会滚滚而来。虽然每个民族不会轻易丢失自己的文化传统，但很容易对另一个民族的文化产生兴趣，好奇心促使人们相互了解和沟通，文化渗透现象在现代社会里时有发生。设计师是敏感的人群，在对异域文化探索方面走在前列。许多世界级服装设计大师都热衷于在自己的时装发布会上推出带有其他民族文化色彩的设计，成为传媒竞相报道的热点。

融入民族元素的服装设计是世界时装界一个永恒的话题，民族元素从来都是让时装身价倍增的撒手锏。保持民族服饰的原生态特点，在时尚发达的当今社会，显得越发宝贵。民族服饰形象是一个民族的民族文化与民族特征最直接的表达，蕴含着民族价值。具有民族风格的时装，气质沉静又不乏活泼，底蕴浓厚又不显老陈，无论是日本服饰的民族化设计（图3-15）还是德国的传统民族服饰（图3-16），都体现了传统民族服饰的重要性。

图3-15　日本民族元素的服装设计

图3-16　德国民族元素的服装设计

民族服饰承袭着传统的审美习俗，如中国的旗袍（图3-17、图3-18）、印度的纱丽（图3-19）等，在造型上都独具特征。

图 3-17　中国传统旗袍

图 3-18　中国旗袍元素的服装设计

图 3-19　印度纱丽元素的服装设计

　　设计师们积极从世界各民族传统服饰中汲取养分，并使之转化成永恒的时尚艺术。民族风带着厚重的历史感与新鲜的时尚感，席卷了变化万千的时尚舞台，这一切主要得益于国际顶尖设计师设计手法的多样化而且其运用极其灵活，丝毫没有生搬硬套的痕迹。国外设计师最常用的工艺手法是采用民族工艺材料和图案色彩，或装饰（图 3-20、图 3-21）或打破基本固定的款式造型（图 3-22）。

图 3-20 服装造型设计中的民族色彩图案（一）

图 3-21 服装造型设计中的民族色彩图案（二）

图 3-22 服装设计中的民族服装造型变化

我国是一个多民族的国家，蕴藏着数不胜数的丰厚的文化内涵以及各式民族服饰，是现代服装设计者们借鉴与参考的重要来源。图 3-23 的服装设计就采用了传统民族服装的祥云和花纹，设计出既有民族风情又十分时尚优美的服装。❶

图 3-23　服装设计中的民族图案风情

图 3-24 的服装设计充分利用了我国民族元素蕴含的优美意境，整个设计显得丰富奇美、色彩鲜艳。设计者从形状、结构、色彩方面得到灵感，创造出既具有时代特色又能发扬民族文化的服装。

图 3-24　服装造型设计中的民族意境

（八）灵感来源于历史服装

综观中西方历史服装资料，尤其是近代以来的服装实物，积累了前人丰富的实践经验和审美趣味，有许多值得借鉴的地方，一种针法、一个绣花、一种图案、一条缝线、一只盘纽、一个领型等，都可以使之变成符合现代审美要求的原始材料。如何利用历史服装的既定风格来激发设计灵感，才是最能体现历史服装

---

❶　白雪，肖楠. 服装设计 [M]. 郑州：河南美术出版社，2010.

价值之处。在造型上过于接近历史服装会有复制古装之嫌，只有将历史文化积淀下来的服装风格配合现代服装设计手法，才能够在继承中创新。历史服装资料是民族文化的一部分，由于其在服装设计中的特殊地位，对当代服装能产生直接影响，因此设计师要把它作为设计灵感的重要来源。❶

例如，图 3-25 的服装设计是从英国宫廷服装的造型中得到灵感源泉，体现了古典庄严与高贵雅致的风格，传统服饰细节和西式紧腰身造型的有机结合，巧妙地挪用和夸大使该造型既显得时尚又不失文化内涵。

图 3-25　英国宫廷式服装

（九）灵感来源于名人效应

名人具有一定的社会感召力，在某些方面具有一定的权威性。正因为名人的感召力，设计者便可以从他们身上寻找设计灵感。例如，亚太地区国际经贸会议上各国领导人穿的具有当地特色的服装成为服装厂商推销的好产品；世界级歌星迈克尔·杰克逊穿过的服装，也成为设计者关注的焦点。对于追随流行的人来说，名人的服饰、行为常常是他们的追逐目标。就名人效应的服装利用而言，有两种情况：一是基本模仿名人穿过的款式；二是借鉴名人的服饰风格，推陈出新。名人并不是只穿一件衣服，但有一个基本风格，设计者可以借鉴名人的穿着风格进行设计，以此吸引消费者。

（十）灵感来源于材料元素

材料是构成服饰的基础，设计者需要对材料有充分的了解，才能将其更好地

---

❶　朱莉娜 . 服装设计基础 [M]. 上海：东华大学出版社，2016：88.

运用，设计出更好的服装。比如有的材料比较挺括，设计者可以着重廓型设计；有的材料透明度比较高，设计者就可以运用多层造型的形式，给人飘逸朦胧的感觉。不断发明新的材质，最大限度地运用新的材质，是当今设计者必须掌握的设计手段。例如，图 3-26 是将 3D 打印技术运用于服装设计中的成果，在科技的帮助下，设计师运用新材料设计出让人耳目一新的新式服装。

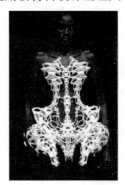

图 3-26　灵感来源于材料元素的服装设计

第四节　服装创意设计的程序

一、服装创意设计的分析阶段

在服装创意设计的过程中，有一个步骤是必须要做的，也是设计的第一步，那就是在接到设计任务之后，要弄清楚设计命题的具体要求是什么，并仔细分析设计提要，这些是作品成败的关键。分析阶段最重要的是对设计提要进行分析。设计师需要罗列以下关键问题，以便于进一步理清自己的思绪和更好、更准确地表达设计创意，见表 3-9。

表 3-9　分析阶段的关键问题

序号	问题
1	该创意设计的内涵和要求是什么
2	与该命题相关的设计元素和信息有哪些

序号	问题
3	设计作品的创意点在哪里
4	准备表现什么样的服装风格
5	采用什么样的色彩组合
6	拟采用调研的方式、方法有哪些
7	需要采用哪些面料和辅料？到哪里能买到？如没有相近的面料，那么准备采用什么技术解决？是否要做面料的二次设计？怎样做
8	服饰配件有哪些？哪些是自己做？哪些要购买？到哪里买
9	需要参考哪些书籍或了解哪些相关信息？从哪些渠道获得
10	设计是否有期限要求

二、服装创意设计的准备阶段

（一）资料、信息搜集

服装的资料有两种形式：一种是文字资料，其中包括美学、哲学、艺术理论、中外服装史、有关刊物中的相关文章及有关影视中的服装资料等；另一种是直观形象资料，其中包括各种专业杂志、画报、录像、幻灯及照片等。以上两种资料都需要认真地查阅和研究。例如，连衣裙的设计，在查阅和搜集资料时，其古今中外的有关连衣裙的文字资料和形象资料都要仔细地去研究。在一些设计比赛中经常有这样的情况：某些设计师的设计作品往往有似曾相识的感觉，或有抄袭之嫌。究其原因就是资料研究得不充分，类似的服装造型在某个时期早已有过。因此，为避免这种现象，设计之前对资料的查阅、搜集和研究力求做到系统、全面。

服装的信息主要是指有关的国际和国内最新的流行导向与趋势。对于信息的掌握，不只限于专业的和单方面的，而是多角度、多方位的，与服装有关的信息都应有所涉及，如最新科技成果、最新纺织材料、最新文化动态、最新艺术思潮、最新流行色彩等。

服装的有关资料和最新信息是设计师需要研究和掌握的，资料和信息是服装设计的背景素材，同时也是为服装设计提供的理论依据。对于服装资料和信息的储存与整理要有一定的科学方法，如果杂乱无章，其结果就会像一团乱麻而没有头绪，那么再多的资料和信息也是没有价值的。应善于分门别类，有条理、有规律地存放，运用起来才会方便而有效。

（二）流行资讯搜集

搜集资讯是设计师创作的开始。流行资讯的搜集，主要包括以下四个方面的内容。

1.街头人群的服饰信息

服装设计师应该了解街道的秘密，对什么样的街道上会出现怎样的人群了如指掌。应该说，设计师就是职业的"城市街道行走者"。对于每一位设计师而言，逛街是一种工作需要，经常在时髦人群出没的地点逗留。

设计师在观察人群的同时，眼睛要捕捉时尚的元素和焦点，有时候可能是来自"时尚之都"的最新款式，有时候可能是特别有创意的搭配方式。只要用心观察，街上的人群总能带给设计师惊喜。潮流就潜伏在匆忙的身影中，设计师只需调动他的耐心和敏感，就能从中找到流行的线索和有价值的时尚信息。

2.特色店铺的服装信息

很多时候，很多设计感很强的服装不一定出现在商场的品牌专柜上，它们会藏身于街角、路边的小店里，只对懂得欣赏它们的顾客们展露风姿。街边独具特色的服装店，也是一种流行资讯。这样的小店店主往往是些"大隐隐于市"的高人。他们天资聪颖、眼界开阔，对服装有着很高的悟性。将这些别致的服装穿上街的顾客往往会是街头最独特、最有型、最懂得打扮的人群之一。他们的穿着，也往往具有流行先锋性。很有可能下一个季节，他们的穿着就会成为流行。

3.报刊杂志上的服装信息

街头报刊亭里出售的各种时装杂志，也是很好的参考材料。这些杂志会告诉消费者如何剖析巴黎和纽约天桥上的最新款式，找到它的时尚精髓，然后根据自身的形体和偏好进行融合，最终穿出具有个人特质的时髦品位来。这种针对非专业读者群的"穿衣手册"，对专业设计师会产生很大的助益作用。它提供的信息可能不是最新的，但是它对于消费者具有不可想象的说服力，会在很大程度上影响其购买决定。

4.权威机构的流行预测

（1）面料流行的趋向

法国首都 —— 巴黎每年都会举办两次"第一视觉面料展"。参展的大多是世界各地最具影响力的面料开发商和制造商。他们会在这个展上推广本公司最新研发的纤维或推出最具创意的面料。这些产品往往会领先于服装流行一年到一年半。有实力的服装公司大都不会错过这个机会，组织公司相关人员前往参观，毕竟这是服装流行的源头。接下来一年到一年半的时间里，服装公司可以从容地把面料的流行转化为时装的流行。作为相关人员，服装设计师也有机会参观这样的面料展，这是他们把握流行趋势的大好机会。

面料的流行趋势发布往往比较抽象，常常通过面料或者纱线的色彩、质感配合某种视觉化的意境图，让人们体会一种情绪、氛围或情感。设计师要利用他们超过常人的感性思维，以面料为载体，将这些抽象化的情绪、氛围或情感转化为具体的服装。面料的流行趋势是服装流行趋势的直接源头之一，前者指引了后者的潮流方向。

（2）服装流行的趋向

除面料流行趋势之外，还有专门发布服装流行趋势的机构。他们把工作人员安插在各个时尚中心城市，专门搜集当地从穿衣吃饭到娱乐、从焦点话题到政治竞选等各种令人感兴趣的资讯，定期或不定期地汇总到机构总部，再由专门的分析人员对这些浩如烟海的资讯进行分析整理，从中找到共性的、带有趋势性的东西，并找出它与服装的可能关联，变成流行趋势信息发布出来。这类流行趋势是经过科学过程严密推导出来的，具有很高的参考价值。但是它相对宏观，有时候距离具体的设计非常远，对于习惯关注日常微观事物的设计师而言，需要全面、深入地理解，才能发现适合本地、本品牌市场的讯息。

（3）时装发布的集会

全球五大时装中心 —— 巴黎、米兰、伦敦、纽约、东京 —— 每年定期举办的时装发布会，云集了世界上最耀眼、最有才华的设计师和他们最新的设计作品。国内外针对专业读者的时装报刊杂志、发布会秀场录像、通过卫星电视播放的时装节目、时装网站等，都会对此进行大力宣传。设计师可以借助这些媒介来掌握服装的未来整体风格趋势。

（三）市场情况调查

服装设计工作是从各种信息、资讯的搜集入手的。除此之外，设计师还有许多工作要做，只要是与服装创意相关的工作，都需要设计师的参与。

1. 市场情况调查的内容

（1）消费者情况

服装设计必须从了解它的消费者开始。在为消费者设计下一季的服装之前，了解眼下他们在干什么、对什么感兴趣也具有相当重要的参考价值。这样一来，设计就能具有针对性，从而达到较好的效果。

公司的目标顾客群期待着从店里挑选到合心意的衣服，他们可能不大关心这些衣服的设计师是谁。但反过来，设计师要下功夫了解这些顾客 —— 他们的年龄、性别、生活方式，观念是保守还是开放，会在怎样的心理驱动下购买服装，买衣服的习惯是怎样的，等等，都是必须重视的要素。

（2）竞争对手情况

除对消费者的调查外，竞争对手是如何获得顾客青睐的，他们都用了什么手段，这些都是需要研究的问题。研究透彻这些问题之后，便能够做到"知己知彼，百战不殆"。

（3）过往销售情况

设计者要回顾本品牌往年、往季的设计和销售记录之间有着怎样的关联。这也是为了了解什么样的设计受顾客喜欢，而怎样的设计令他们无动于衷。

2. 市场情况调查的形式

市场调查有多种形式，比较常见的有问卷调查式及观察记录式。

（1）问卷调查式

为了完成全面、深入的市场调研，设计师就要制定一个完善的调查问卷。这个调查问卷可以是充分体现消费者购买意向的顾客问卷，也可以是站在客观立场反映厂家和商家情况的调查问卷。问题的设定尽量做到精细、全面。下面列举一个针对消费者的调研，以供各位读者参考，见表3-10。❶

表3-10 消费者问卷调查设置

问题	调查目的
您知道哪些服装品牌	调查消费者对服装品牌的关注程度
您是否经常购买某个品牌的服装	调查服装品牌是否也能形成稳固的顾客群体

---

❶ 史林. 服装设计基础与创意 [M]. 北京：中国纺织出版社，2006：147.

问题	调查目的
您认为以下条件在购买服装时哪一个要优先考虑：品牌、质量、用料、价格、款式	调查消费者的优先购买取向
您经常到哪家商场（专卖店）购买服装	通过对消费者习惯性购买场所的调查，实现对消费群体的细分
对一套秋冬装，您认为什么价位可以接受：150 元以下、150～300 元、300～600 元、600 元以上	调查消费者的价格取向，作为制定价格策略的依据
您可能在以下哪个时段购买服装：春节、双休日、一般节日、其他	调查购买行为是否具有时段性
您认为现在服装设计和服装生产中存在的主要问题是什么	了解消费者的意见，以便使自己的设计更为合理

（2）观察记录式

观察记录式的市场调查也很常用。下面列举一个对某商场、专卖店的调研（表 3-11）和一个对某品牌的调研（表 3-12）。

表 3-11 某商场、专卖店的观察记录式调研

序号	调研内容
1	商场名称
2	商场环境分析：商场的档次、地理位置、交通便利程度、客流量等
3	服装品牌的入驻情况：统计国内外服装品牌有哪些在本商场销售及其销售情况
4	服装店面的布置情况：布置的档次、色彩分布、总体风格等
5	消费群体分析：来本商场购买服装的消费者年龄、职务、购买能力等

表 3-12 某品牌的观察记录式调研

序号	调研内容
1	服装品牌名称，服装产地
2	品牌的市场定位，本品牌消费适合的年龄层、销售地
3	风格定位
4	着装色彩定位
5	主要面料及面料的手感，面料是国产还是进口
6	服装主打款式和细节记录，细节包括是否有滚边、明线、双线、镶边以及拉链头造型、金属扣造型、其他装饰等

序号	调研内容
7	价格定位
8	消费者的意见

　　以上调研情况汇总之后，设计师要对其进行文字整理，形成完整的市场调研报告，设计构思时可作为参考。

三、服装创意设计的构思阶段

（一）构思与草图

　　感觉与灵感仅仅是构思的开始，如何进一步地使感觉或灵感的思绪发展上升为完整流畅美的创造，着实需要做更为具体深入的推敲。构思可用草图形式记录下来，应该在一定的时间内进行大量的构思，构思越多，越容易出结果，把脑海中闪现的设计方案全部迅速地记录下来，然后在一大堆草图中挑选分析最接近设计指令的构思进行深入化、细致化设计，直至基本完成整个设计（图 3-27）。

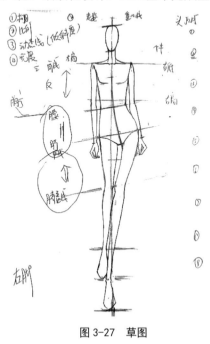

图 3-27　草图

经常有些朦胧短暂的感觉只是停留在一种即兴闪念上，其难免流于浅显和粗糙的意识表层，所以特别需要通过精心的筛选与深入的思考来达到相对完美、成熟的创想境界。建立在审美基础上的理性斟酌，可对感性的思维进行有序的梳理，将瞬间的感觉或者想法加工转化成持久完备的理想模式。在较为系统严密的逻辑性的推导归纳中，理性的意识始终具有对感性冲动的限定把握作用，当然，类似的限定平抑一般是在不过分削弱感性中所含的生动溢美的特质前提下进行的。

依据通常的美学原理，结合服装设计中具体的面料、形样、色彩、配饰等，便可达到和谐的比例关系，制造生动变化的对比感觉，从而使服装设计的构思表达更趋于完美。将生动的造型与实际的穿用巧妙有机地融合，也经常是精心构制的现代设计体现。有关服装设计的构思，形成于多个要素的有机组合与协调完善的过程之中，除去对具体的穿用及习俗等的要求考虑外，外观式样的创作表现也是需要推敲的方面。

（二）绘制设计图

在设计过程中，图形化环节一般是以设计稿的形式表现的。根据不同用途，设计稿的内容和形式也不尽相同，一般可以分为设计效果图和简略设计稿（图3-28）。

图3-28 设计效果图（左）和简略设计稿（右）

1.设计效果图

设计效果图是指用于生产以外的表达设计意图和表现着装效果的设计稿,基本程序和要求如下。

(1)人物造型

在基本完成整个设计的前提下,选择适合表现该设计的人物造型。如果是先画好人物造型再进行设计构思,就会使服装设计因受到人物动态的约束而限制某些服装造型的出现。例如双腿并拢、双手垂放的动态难以让人产生飘逸灵动的感觉。模特的动态、举止、神态都要与服装内容相符合,活泼的服装选择活泼的人物造型,严谨的服装选择严肃的人物造型。

在画人物造型之前,要先根据设计构思进行构图,如果是单套服装,一般放在画面中间;如果是系列服装,则要考虑每个人物在画面上的位置以及单个人物之间的关联性,不可以太靠近,也避免拉得太远。过近会使画面拥挤、不大气,过远会使画面上的人物互不相干。

(2)着装效果

确定人物造型以后,还要将基本完成的设计构思"穿"到人物造型上。这是设计稿中相当重要的部分,设计稿的水平高低很大程度上取决于着装效果图的好坏,着装效果图是设计的首次亮相,着装效果图画得好,可以很好地表达设计构思,在视觉上美化设计,从而打动观者的心。因此,既要注意一定的穿着效果,包括服装的动感、面料的质感等,又要考虑一定的艺术效果,包括绘画方法与技巧、绘画材料与装裱等。另外,还要根据纸面上的着装情况,对设计构思进行适当的修改。

(3)背面造型

一般情况下,背面效果图采用单线形式,但是为了追求美感,也可以适当地画上一点投影或打框等。由于画面是二维空间,不可能在一个人物上表现出服装的正反面造型,因此效果图一般是画正面人物。但背面造型对于服装又相当重要,有时甚至是整套服装设计的重点,因此为了完整地表达设计,完成人物着装以后,还要画出服装的背面造型,背面图一般画在效果图的边上。

(4)细节表现

由于篇幅的关系,服装效果图上不可能将某些款式中的细节全部表达清楚而不影响画面效果。一般是在画面中用细直线标出细节部分,在设计稿的相应位置放大画出,放大图一般用细线圈住。

（5）文字说明

通常情况下，一幅完整的设计稿离不开文字说明。有些内容是无法用图形表达的，如设计主题、工艺要求、面料要求、规格尺寸等内容只能用文字表达。这里还包括配色方案、面料小样等。对文字部分的处理切不可随意涂写、草率从事，应该精心安排，让观者有赏心悦目之感，否则会影响画面效果。

2.简略设计稿

企业生产的设计稿是为生产提供技术依据，通常会省略带有一定迷惑作用的效果图，同时因为设计者也有机会解释设计意图，相对于设计效果图而言，艺术效果要简化得多。简略设计稿也称款式设计稿，是指用于企业生产的设计稿。这类设计稿一般不过于强调形式感，更注重实用性和可操作性，要求设计稿清晰、具体、严谨、规范。简略设计稿的基本程序和要求如下。

（1）款式图

各公司对款式图的画法要求不一致，一般是左右两部分全部画完，但是对于对称的服装有时只画一半，然后在前中或后中画一条直线代表以此形成对称。设计款式图一般是用平面造型图而不是效果图来表现，造型用单线、展开的形式来表现，不强调人物着装效果。要求服装各部位比例正确，款式图包括大小一致的正、反面款式。

（2）细节表现

细节表现要注意秩序的合理性，不可因为降低了形式感的要求而凌乱不堪，公司的设计稿都是要进行编号入档的，以备需要的时候翻查。由于这类设计稿被选中以后可能直接用于打样或生产，所以细节的表现更要求细致精确，无法用文字说清的工艺要点也可以在此用图示表现。

（3）文字说明

这里的文字说明比用于企业外部的设计稿更详细具体，更符合本企业制定的技术规范。虽然可以省略设计主题等内容，但是工艺程序、规格尺寸、材料指定等内容仍来不得半点含糊。在一些小型服装企业，甚至要写明推档规格、面料计算、辅料种类和生产流程等，类似于完整的生产订单。

（4）格式说明

简略设计稿的格式如表 3-13 所示。

表 3-13　简略设计稿的格式

某公司设计稿					
品牌名称		适用季节		确认签名	
款式编号		总款号		确认日期	

正面

背面

M 号（38）成衣主要规格（cm）

衣长	肩宽	胸围	袖长	袖口	腰围	下摆	臀围	裤长	裙长	胸口	裙摆

主要面料	贴样	辅助面料	贴样	首席设计	姓名	日期
				助理设计		
				样板师		
				样衣师		
备注						

四、服装创意设计的实施阶段

服装创意设计的实施阶段主要是服装样品的制作，具体流程及要求如下。

（一）选择材料

材料的选择包括服装的面料、辅料（里料、衬料）及附属材料（缝纫线、纽扣、拉锁、带子、环等）的选择。在所选用的材料中，面料是最主要的，它直接影响着服装造型的特征，因此，其色彩、质感、图案、手感、垂感等应尽量与设计效果图的感觉相吻合。对于辅料和附属材料的选择，也应力求与设计效果图的要求相一致。同时，所选择的材料还需考虑到其价格是否与整套服装的成本预算相符合，否则会影响服装设计的审美性和实用性。

（二）样板制作

样板制作是服装成型的重要环节，在制作样板之前，需要设定成衣尺寸。成衣尺寸的设定一般是采用国家统一服装号型中的中间号型，以方便后面的样板缩放和批量生产。服装样板一般是采取平面剪裁方法来进行的（高档服装的样品制作可采取立体剪裁方法，根据需要也可两种剪裁法综合使用）。依据号型的具体成衣尺寸和服装设计的具体造型结构特征，依次裁制出服装各个部分的标准样板，而后按其缝制工艺的前后次序编号成套。❶

（三）试制初样

初样是指在正式制作成衣之前，先用白坯布试制服装的基础型。在服装设计中，其设计效果图是无法充分表现出服装的立体造型效果的，因此需要通过基础型来显示服装造型中各个部位的具体结构。基础型比起设计效果图更为直观，也更接近服装的实际效果。在初样的制作中，并非依据设计效果图机械地将服装造型表现出来，而是继续补充和完善其设计构想。另外，在制作初样的过程中还可以使服装各个部位的处理进一步具体化，并协调设计造型中各个部位之间的线条分割和结构关系，以及各个部位与整体造型之间的统一关系，直至服装的整体造型和各个部位的结构都准确、合理、完美为止。

（四）制作样品

在服装初样的基础上，按照服装样板依次进行实际面料和辅料的剪裁，然后根据预先制定好的工艺流程来逐一缝制服装的各个部分，最后进行组合缝制。在一些较高档的服装样品制作时，其中部分是以手工缝制完成的；而一些低档服装的样品制作则主要是用机器完成的。同时，在整个缝制过程中，熨烫工艺也是一个重要的辅助手段。一般来讲，服装的样品制作其成衣尺寸要标准、规范，各个

---

❶ 信玉峰. 创意服装设计 [M]. 上海：上海交通大学出版社，2013：130.

部位的结构要准确、合理，整体工艺制作要精细、考究。只有这样，才能确保后面批量成衣的产品质量（图 3-29）。

图 3-29　样品

五、服装创意设计的整合阶段

经历以上四个阶段之后，设计工作并没有完全结束，设计师还要整理实践中的各种体验与知识，并运用一定的组合规律和变化形式，以产生系列服装设计，使整体服装设计更加完整、统一，这就是所谓的整合阶段。

第四章
现代服装创意设计与表现

现代服装的创意设计主要体现在色彩设计、材料设计、风格设计上，由于特性不同，因而展现出独特的创意手法和表现形式。色彩设计的创新性表现可以采用色彩意象设计法、色彩采集重构设计法、服装面料色彩设计法。进行服装创意设计时，选择的材料应结合服装的特征与材料的特质进行考虑，确定是采用点状材料、线状材料、面状材料还是其他材料。此外，服装风格的创意性表现主要是通过波普风格、原宿风格、朋克风格、科幻风格的创意性表现得到诠释。

第一节　色彩设计的创新性表现

服装色彩的创新设计主要有三种方式：一是从抽象的概念出发获得色彩灵感——色彩意象设计法；二是从某种色彩实体得到启发——色彩采集重构设计法；三是从具体的服装面料出发获得色彩设计灵感——服装面料色彩设计法。

一、色彩意象设计法

人们在看到某一色彩时都会产生直接或间接的心理感受，这种心理感受就是色彩的意象。而服装色彩的意象就是人们对于某一色彩的服装普遍持有的认识、观念和态度等。色彩意象以及服装色彩意象是人们在特定文化、环境等因素影响下形成的，它是一种集体的印象。设计服装色彩的常见思维模式是以色彩意象为依据，但需要设计师熟练掌握单色和色彩组合的一般意象规律。

（一）单色服装色彩的意象

每一样色彩都有独属于自己的意象特征，同时也具有独特的性格信息，见表4-1和表4-2。服装设计师在为客户设计服装色彩时，可以根据色彩的意象特征和性格信息并结合客户的特质进行设计，这样更符合客户的气质（图4-1）。

表4-1 单色服装色彩的意象

色相	联想的东西	心理感觉	服装色彩的意象
红色	太阳、火焰、日出、战争	热情、危险、喜庆、庸俗、警惕	吉利的、女性的、喜庆、逢凶化吉
橙色	橙子、日落	甜美、幸福、威武	热情、爽朗、乐观
黄色	向日葵、柠檬、黄河	光明、嫉妒、希望、危险	戏剧化的、礼仪的、前卫的
绿色	草原、森林、树木	和平、理想、成长、平静、新鲜	环保、和平、青春、静谧、淡雅
蓝色	海洋、天空、宇宙	神秘、高尚、理智、科技、庄严	学生时代、体力劳动者、东方情调、航天、品位
紫色	薰衣草、紫罗兰	神秘、高贵、优雅、浪漫、幻想	高贵的、神秘的、忧郁的
白色	雪花、婚纱、白糖	洁白、神圣、快活、光明	正式、纯洁、宗教、卫生
灰色	阴天、老朽	不鲜明、不清晰	优雅、端庄、稳重、低调
黑色	黑夜、墨	罪恶、恐怖、寂静、高贵	严肃、正式、职业、礼仪、前卫
褐色	茶、泥土	自然、朴素	自然、随意

表4-2 单色服装色彩包含的性格信息

单色服装色彩	服装色彩包含的性格信息
红色	活泼开朗、充满热情，会将精力专注于感兴趣之处，容易冲动
橙色	充满活力、性格开朗，具有个人魅力，是团体中的开心果
黄色	善解人意、人缘好，做事从容不迫，善于沟通协调，富有智慧，情商很高
绿色	个性平实，与世无争，待人接物谦逊有礼，和善可亲，对平静的生活充满向往
蓝色	富有理性，善于思考，做事有计划、有耐心、有毅力，富有创造性，沉着冷静，能随机应变

续表

紫色	具有很强的观察力和领悟力，品位、见解独到，艺术天分很高，敏感
黑色	理智、神秘、个性强、孤寂、低调
灰色	做事负责，缺乏安全感，做事尽善尽美
白色	追求完美，内心孤独，性格矛盾

图 4-1　单色服装设计 ❶

（二）组合服装色彩的意象

1.浪漫的、清纯的

色彩的整个中心是较为淡柔的清色，明度取弱对比的高短调式。这种组合显现出浪漫、梦幻的氛围。

在使用色彩时，如果整体突出明亮的暖色则会让服装呈现出温和、恬静的风格；如果以微冷味的色为主，如浅淡的桃红、玫红，则会让服装呈现浪漫、单纯的风格。如果加大色彩的明度差，则可以增加服装给予人们的欢快感受（图4-2）。在这类配色中，应该谨慎使用暗色、浊色这样的色彩，因为它们与整体的气质显得不大协调。在服装方面，那些给人细致感、柔和感的材料，细腻的、流畅的纹样最能配合这类意象。浪漫的组合色彩意象比较适合具有少女心、温柔、天真的女孩，符合她们的性格、气质（图4-3）。此外，它还适用于婴儿装及成年女性的睡衣、家居服。

---

❶ 2012 年教学成果《唤》系列设计作品。

图 4-2　色彩明度差大的服装设计 ❶

图 4-3　浪漫、清纯色彩意象的服装设计 ❷

---

❶　2012 年教学成果《超级玛丽》系列设计。
❷　2012 年教学成果《青瑟》系列设计。

2.粗犷的、强健的

这类意象的配色以暖色调的暗清色为中心，主要是红色或绿色的暗清色，再以沉着的暗灰色、成熟的暗紫色、野性的暗黄色为辅助色（图4-4）。这组配色将粗犷、强壮、几分野性的意象展露无遗，非常男性化，其意象感十分厚实，流露出一种原始的、不加掩饰的热情。在应用中要注意对意象倾向的准确把握，避免过度。

图4-4 粗犷、强健色彩意象的服装设计 ❶

3.自然的、亲切的

这类意象的配色主要集中在黄色系和黄绿色系，主要的色调呈现中明度，对比度要较为适中。主导色富有生机，另外在主导色组中要辅以茶色、米色、橙色、石灰色等色彩，从而营造出亲切、朴素的风格。这样的色彩组合能够使人们

---

❶ 2012 年教学成果 *MEIER* 系列设计。

感到轻松、自在，非常适合休闲风格的服装，适合崇尚自然、富有艺术情趣的人（图4-5）。

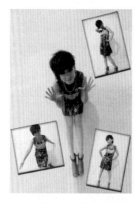

图4-5　自然、亲切色彩意象的服装设计 ❶

4.强力的、兴奋的

这类意象的配色是以补色、对比色的纯色为基本组合。色相以带有兴奋感的暖色为主，大胆地运用蓝、绿、紫这类纯色及黑色、白色，色相、明度的强对比形成强烈的色彩节奏，极富视觉冲击力，是强劲、动感、耀眼的配色。配色迸发出的热情、冲动、刺激的意象非常适合活力型的青年人，是运动装的首选配色意象。这类配色既能激发运动员的兴奋情绪，又能给观众以强烈的情绪感染，使场内、场外气氛呼应，色彩的意象与体育的精神融为一体，是力与美的统一，因此常用在竞赛服装、野外作业服装中（图4-6）。

图4-6

❶ 2012年教学成果 *COFFEE WITHOUT SUGAR* 系列设计。

图 4-6 强力、兴奋色彩意象的服装设计 ❶

5. 非正式的、轻便的

这类配色的中心是色相对比的色彩，可以取纯色或明清色，也能用白色增添爽朗的气息。如果服装要凸显旺盛的活力，则可以在配色中全部使用暖色调；如果服装要增添整体的活跃气息，则可以把色彩的对比度增大。总之，这种配色组合能产生明快、自由、动感的意象，可以增添服装的愉快、轻松感，与年轻人追求随意、自在的心态和生活非常吻合（图 4-7）。在这类配色中，不适合使用圆熟或带有抑郁感的浊色。这类配色常常用于运动便装、休闲装、童装、少年装中。

图 4-7

❶ 2018 教学成果《校运会开幕式五系五环》系列设计。

图 4-7　非正式、轻便色彩意象的服装设计 ❶

6.凉爽的、轻快的

这种意象的配色的主调是冷色系的纯色和明亮的清色，可以辅以少许的白色，为整体的服装色彩增添一份舒爽之感。同时，这种意象的配色应该避免冷色系造成的冷寒之意，可以加入少许青绿或黄绿进行调节，从而形成清新、凉爽、灵动的风格，给人带来舒畅、清新的感受（图 4-8）。这种配色被广泛应用于炎热及温暖气候中穿用的各种类型的服装中，而且没有年龄、性别的区分。如果使用到成年男士或中老年女士的服装中，可以适当降低主色的纯度。

图 4-8

---

❶　NADIA NAPREYCHIKOV & CAMI JAMES 设计作品。

图4-8 凉爽、轻快色彩意象的服装设计 ❶

7.优雅的、端庄的

这种意象的配色的中心是青紫色、紫色、红色系列的清色与浊色，明度对比适中，能抑制动感，让人感受到其中的娴静，具有高雅、稳重感的意象，给人成熟而有品位的精致感。若配以少量的明灰色、白色则能增添几分讲究与洗练的感觉。优雅、端庄是女性化的意象，尤其是职业女性，精心地选择适合自己的色调，可以展现出高雅的品位（图4-9）。这类配色由于展现的意象与女性气质高度吻合，不符合男性的气质，因此多被应用在女性职业装、套装中。

图4-9 优雅、端庄色彩意象的服装设计 ❷

---

❶ 2019年教学成果《流年》系列设计。
❷ 2020年9月上海龙西岸美术馆迪奥作品展。

8.男性化的、沉着的

这种意象的配色的中心是蓝色系列的暗清色，辅色主要是黑色、棕色、黄色等暗浊色，要采用对比适中的明度。这类意象是男性化的，配色充满郑重、抑制的气息。相较于流露出自由、不羁风格的粗犷、强健的意象，男性化的意象主要体现的是受约制的、修饰的风格，其所表现出的沉静感、可信赖感与社会对男性角色的期望要求有关（图4-10）。因此，这种意象的配色在男性服饰中应用广泛，其不一定是男性爱好、性格的体现，更多的是社会文化影响下的产物。另外，这种意象的配色在女性服饰中也得到了较为普遍的使用。可以说这个意象是大众化的，展现出浓厚的正式感和职业化气息。

图4-10　男性化、沉着色彩意象的服装设计 ❶

9.古典的、高尚的

这种意象的配色的中心是红色、橙色系的浊色，辅色是黄色、黄绿色系的浊

---

❶ 2012年教学成果 *HANDSOME* 系列设计。

色和暗灰色、黑色、米色等，采取中、低程度的明度以及中短调的对比。这种配色作为服装配色，能给人某种成熟、稳重的观感，不过，一味地用暖茶色及黑色、灰色恐怕会显得保守、刻板而缺少趣味，所以要精心调节。在色彩的组合中若要强调沉稳、老成，可用明度不同的暖茶色配以黑色、灰色等；如果在其间加入浊味的黄色、绿色等略带润泽感的色彩，会令人有智性的、高尚的印象；倘若要注入热情的、有活力的要素，可以使用一些纯度较高的红色（图 4-11）、橙色；采用米色系的色彩搭配会在古典的基调上，透露出聪明但不张扬的意象。这种意象的配色充满深沉的气息，与儿童、少年及多数青年人的气质不吻合，因此不适用在他们的服装中，而应该将其使用到年龄较大的人群的服装中。

图 4-11 古典、高尚色彩意象的服装设计 ❶

10. 华贵的、圆熟的

这种意象的配色的中心是低明度的清色，紫色、紫红色充满华美感，可以作为首选的色彩。另外，有助于表现深沉度、圆熟感的黑色与茶色以及可以烘托豪

---

❶ 2018 年《传帮带》无缝纫系列设计。

华气氛的黄色系的暗色也可以使用其中。整体的色彩要保持适度的明度对比以及浓厚的色感。这种华贵而带有豪华感的意象与成熟男士、女士的气质相匹配，可以用于他们的服装色彩设计中，但对于单纯、浪漫的青年男女则不适用。组合颜色以较高纯度使用会比较女性化，如果主调偏向冷味色，则能强调矜持高傲的气质；主调略带浊味，则会凸显沉稳、豪华感，适于男性及年长女性（图4-12）。❶

图 4-12　华贵、圆熟色彩意向的服装设计

---

❶　张殊琳. 服装色彩 [M]. 北京：高等教育出版社，2003：25-35.

二、色彩采集重构设计法

（一）采集重构的概念

1. 采集

分析各种优秀、色彩搭配极佳的视觉材料的色相、纯度、明度、位置关系、搭配方法等，并总结整理出具体色标，从而为自己的服装色彩设计奠定基础。采集的对象可以是人文色彩（经典绘画作品、建设艺术、民族民间工艺、工艺设计、海报招贴）、自然色彩（植物、山川、风景名胜、动物）和色彩系统。

2. 重构

将采集到的色彩信息具体使用到服装设计师自己的服装色彩设计中，从而获得与采集对象具有相同风格的服装色彩。

（二）采集重构的方法

1. 理性采集重构

它还有一个名字叫正比例采集重构，是一种相对严谨、机械的采集重构的方法。在具体的操作中，这种方法是把采集对象的色相、明度、色彩比例、位置等毫无变化地应用到服装色彩设计中，缺乏一定的新意，较为保守。

2. 感性采集重构

感性采集重构的方法相较于理性采集重构更有发挥的空间。设计师会根据对采集对象的色彩风格的印象整理出大概的色彩关系，然后将其应用到服装色彩设计中。这种方法操作起来较为简单，但是即使选用同一采集对象，设计师的关注点不同，设计出来的服装色彩效果也会具有较大的差异。

3. 反比例采集重构

这种方法刻意将原采集对象中的色彩比例关系颠倒，使主色调变为点缀色，而使原来的点缀色成为主色调。这种方法所形成的服装色彩与原图迥然不同，常常会产生出乎人意料的惊人效果。

4. 局部色彩采集重构

前面几种方法都有一个相似之处，那便是参照服装整体的色彩进行，而局部色彩采集重构只选取采集对象的某一个或几个局部色彩进行归纳整理，并将其运用到服装色彩设计中。

三、服装面料色彩设计法

服装的面料是服装色彩设计最终得以体现之处。由于原材料及组织方法的不同，不同的面料在软硬、薄厚、质感、肌理、反光性、悬垂性等方面具有较大的差异性。此外，平面设计稿与具体面料难免存在一些差距，这种差距很可能给服装设计和生产带来不便甚至是损失，因此科学可取的设计服装色彩的方式是从具体的面料入手。有些学服装设计的同学习惯先设计服装色彩，然后按图索骥去找相应的面料，这种方法效率较低，有的甚至跑遍了面料市场也一无所获，最终只能将就用其他色彩或质地的面料代替，这无疑给设计打了折扣，这样做出来的服装成品很可能与原来的设计有较大出入，甚至是面目全非。鉴于此，设计师要关注面料的流行趋势和市场行情，至少要收集大量的面料小样以备设计之需。另外，从面料的色彩、图案、质感等元素中获得设计灵感并进行服装色彩设计也是一种很好的色彩创意的训练手段。❶

第二节　材料选择的特质性表现

服装的材料丰富多样，但也较为固定。根据材料的视觉形态，可以将其分为不同的类别，主要有点状材料、线装材料、面状材料与其他材料几种类型。这些材料具有不同的特质，因此会被选择运用到符合其特质的服饰中，下面对其展开详细的论述。

一、点状材料

点状材料的面积和体积相对较小。也因为面积、体积小，所以这类材料易于

---

❶ 程悦杰. 服装色彩创意设计（第 3 版）[M]. 上海：东华大学出版社，2015：26-32.

组合且灵活多变，可以形成线、面、体的形态。在所有的服装设计材料中，其应用最为广泛。

（一）珠子

珠子主要起着修饰服装的作用，由于其具有柔美的性质，因此它在女装中非常常见，而在男装中运用较少。服装设计中，珠子的选用并不随意，而要结合服装的面料、款式、风格等元素。珠子的材质、大小、形状等具有较大的差异，根据材质的不同，可以分为玻璃料珠、木珠、水晶珠、陶瓷珠、金属珠等；根据形状的不同，可以分为圆形珠、扁圆形珠、圆柱形珠等（图4-13）。

图4-13　服装设计中的珠子

（二）亮片

亮片因色泽艳丽而得名，用它来装饰服装，可以增加服装的时尚性。亮片被广泛用于时装、晚礼服、鞋、帽、手袋、头饰等服饰中，而且它的尺寸、规格非常多样，不同尺寸、规格的亮片应用在服饰中常常会产生不一样的效果（图4-14）。亮片常和珠子、刺绣等结合应用于服装设计中。

图4-14　服装设计中的亮片

（三）纽扣

纽扣在服装设计中，最为重要的作用便是连接服装。在一些特定的服装中，纽扣是必不可少的，如西服、衬衫、大衣等。除此之外，纽扣还具有修饰的作用，在古罗马，纽扣最初只是单纯修饰服装的物品。在服装创意设计中，纽扣常用于装饰各类时装（图4-15）。

图 4-15　服装设计中的纽扣

（四）铆钉

铆钉具有很多种类，常见的铆钉有半圆形、平头、半空心、实心等类型。由于铆钉具有较强的时尚气息，因此它通常被用于街头前卫风格的服装创意设计中（图4-16）。

图 4-16　服装设计中的铆钉

（五）人造花

人造花，根据其本意便可知道是人工制作的花朵，通常是人们运用一些面料或其他材料制作出来的，用于装饰服装。由于花朵装饰物与女性柔美的气质相吻合，而与男性气质格格不入，因此它常用于女性的一些服装中，如婚纱、礼服、时装等（图 4-17）。

图 4-17　服装设计中的人造花

（六）绒球

绒球是一种球状装饰物，是用彩色毛线或绒线等材料扎成的。用绒球来装饰服装可以增添服装温和、可爱的感觉。也由于它给人暖和的感觉，因此一般不会用于夏装，常用于秋冬季使用的帽、鞋、手套、围巾等（图 4-18）。

图 4-18　服装设计中的绒球

二、线状材料

线状材料比点状材料的面积、体积稍大些，呈线形。常见的线状材料有线、绳、丝带、花边、拉链、布条、皮条等类型。相较于点状材料只能用于修饰面料这一单一的方式，线状材料既可以修饰面料，同时也能通过连接制成面料。

（一）线

1.缝纫线

缝纫线的色彩非常多样，线非常细密，主要作为面线或底线进行缝纫。此外，设计师也可以利用缝纫线织成风格多样、美丽的刺绣（图4-19）。

图4-19 服装设计中的缝纫线

2.绣花线

绣花线主要是由天然纤维和化学纤维制成的，种类非常繁多，色彩多样。根据绣花线的材质组成，可以将其分为丝、毛、棉、腈纶等；根据绣花线的色彩，可以将其分为素色线和彩色线等。传统刺绣常用真丝线，民间刺绣常用毛、棉、腈纶等绣花线（图4-20）。

图4-20 服装设计中的绣花线

3.编织线

编织线的种类繁多，而且编织的具体服饰不同，使用的编织线也不相同，如看到编织衣服、帽子、鞋子的线是完全不同的。编织线主要有毛、毛腈混合、化纤材料制成的各类毛线、花式纱线等，它不仅可用于编织，还可以用来缝绣服装（图 4-21）。

图 4-21　服装设计中的编织线 ❶

（二）绳

绳主要用于各种面料或装饰物的编结，种类很多，有塑料绳、麻绳、尼龙绳、棉绳、丝绳等。丝绳常用于编制中国结，棉绳常用于编制服装、壁挂和西洋结穗等（图 4-22）。

图 4-22　服装设计中的绳 ❷

（三）丝带

绝大多数的丝带都是尼龙材料制成的。不同的丝带呈现不同的宽度和色泽。通常，丝带会用于丝带绣、各种人造花和装饰物的制作中。丝带一般有合成丝带、绒面丝带、手工染色丝带、棉质丝带、缎纹丝带、透明丝带等几种类型，下面对这几种类型的丝带展开详细的论述。

---

❶　2015 年中央美术学院中韩大学生服装设计作品。

❷　同上。

1. 合成丝带

合成丝带具有鲜艳的色彩、厚重的外观和较好的弹性。利用合成丝带织成的绣品会具有非常强烈的立体感。其中涤纶丝带和人造丝带是丝带绣主要采用的材料，由于它们具有细碎的梭织边缘，可以使丝带绣更易成型，外观清晰明显。

2. 绒面丝带

绒面丝带的单面或双面有立绒，如天鹅绒丝带。凭借着立绒的修饰，绒面丝带呈现出华贵的气质。

3. 手工染色丝带

手工染色丝带既有色彩斑驳的杂色丝带，也有色彩渐变的丝带，后者相较前者更为艳丽。

4. 棉质丝带

罗缎丝带就是一种棉质丝带，它通常用于修饰帽、鞋等服饰。

5. 缎纹丝带

缎纹丝带的主要材质是真丝或合成纤维。由于它具有特殊的织法，因此呈现出来的效果非常独特，非常光滑、美丽。缎纹丝带主要有双面缎纹丝带和单面缎纹丝带两种类型。

6. 透明丝带

透明丝带相较于前几种丝带的独特之处便在于透明，它有素色和花色透明丝带两种类型。用透明丝带来修饰服装，可以为服装增添朦胧的美感（图4-23）。

图 4-23　服装设计中的丝带

（四）拉链

拉链是一种带状开闭件，在服装中非常常见，甚至在一些种类的服装中是不可或缺的，如运动服外套、牛仔裤等。它较为常见的作用便是开闭服装，但同时它也可以用于服装的创意设计，表达街头前卫的风格特征。拉链有不同的规格，链牙的材料有金属、塑胶和尼龙等，现在还有很多花式品种，如水钻拉链等。不同的材质使得拉链具有不同的风格（图4-24）。

图4-24 服装设计中的拉链

（五）花边

花边呈带状，其上有花纹图案，是用于修饰服装很好的材料。根据织法的不同，花边主要分为机织、针织、刺绣和编织四种类型（图4-25）。机织花边由于是机器织成，做工严谨，因此其具有紧密的质地、富有立体感的花型以及丰富的色彩。我国少数民族的服装常使用丝纱交织的花边，因此又被称为"民族花边"，其纹样多采用吉祥图案。针织花边最为明显的特征便是组织稀松，有明显的孔眼。这样的花边外观轻盈、优雅。刺绣花边的色彩种数不受限制，可制作复杂图案。编织花边由花边机制成或手工编织而成。

图4-25 服装设计中的花边

（六）布条

布条是各种服装面料、辅料经过撕扯或裁剪形成的。它可以看作线绳用于编织或编结的服装创意设计中，也可以看作丝带用于人造花的制作等（图4-26）。

图 4-26　服装设计中的布条

（七）皮条

皮条的外观呈细长条，它是设计师运用人造革或天然皮革裁剪而成的，在服装创意设计中常用于编织或制作流苏（图4-27）。

图 4-27　服装设计中的皮条

三、面状材料

面状材料是服装材料中占据比例最大的一种，也是服装创意设计过程中最主要的一类材料。面状材料主要包括制作服装用的面料、里料以及其他面积较大的材料。一般主要从组织结构、外观和质感以及其他特殊效果三个方面对面料进行划分。根据组织结构的不同，面料可以分为梭织面料、针织面料、无纺面料、皮革及裘皮；根据外观和质感的不同，面料可以分为柔软型、挺爽型、光泽型、厚重型和透明型面料；根据特殊效果的不同，面料可以分为图案面料、弹性面料、网眼面料、蕾丝面料等。

（一）不同组织结构的面料

1. 梭织面料

梭织面料是由织机以投梭的形式将纱线通过经、纬向的交错而制成，其组织一般有平纹、斜纹和缎纹以及它们的变化组织。根据组成成分的不同，梭织面料一般分为棉织物、丝织物、毛织物、麻织物、化纤织物及混纺和交织织物等。梭织面料在服装面料的使用中占据领先位置，这在服装的品种和服装的生产数量上表现得特别明显。因梭织服装的款式、工艺、风格等存在差异，在服装创意设计的加工流程及工艺手段上会有很大区别（4-28）。

图4-28 梭织面料

2. 针织面料

针织面料是利用织针将纱线弯曲成圈并相互串套而形成的织物。虽然同样适用纱线，但针织面料与梭织面料具有较大差异，这主要是由于纱线在织物中的形态不同。纬编和经编是针织的两种类型。纬编织物的性能特点主要体现在它的拉伸性、卷边性、脱散性上；经编织物形成了回环绕结，因此它结构稳定，一些经编织物具有较小的弹性，不能用手工编织而成。这些性能特点是服装设计师在进行面料创意设计时必须考虑的因素。由于针织面料较为柔软，穿着针织面料织成的服装非常舒服，因此它越来越受到消费者喜爱（图4-29）。

图 4-29 针织面料

3.无纺面料

无纺面料的别称是"无纺布""不织布",是由定向或随机的纤维构成的。这种面料是新一代环保材料,虽然名为布,但其与布具有较大的差异,只是由于与布的外观和某些性能相近,才由此得名。无纺布没有经纬线,可随意剪裁,不脱线且缝纫非常方便,质轻易定型,常常被用于各类手工制作,也可作为装饰性材料用于服装面料创意设计中(图 4-30)。

图 4-30 无纺面料

4.皮革

皮革具有自然的粒纹和光泽,触摸起来非常舒适。皮革面料在服装设计中应用广泛,适用于任何季节的服装。冬季的皮衣是较为常见的由皮革面料制成的服装,夏季轻薄的衬衫和裙装也可以通过对皮革面料进行特殊加工制作而成。另外还可通过挖补、镶拼、编结等方法进行面料创意设计,使其用途更为广泛（图 4-31）。

图 4-31 皮革

5. 裘皮

裘皮是价格较为高昂的面料，具有轻盈柔软、雍容华贵的特点，时尚气息非常浓厚，通常用作时装、冬装的制作。在市场上，比较常见的裘皮面料包括狐皮、貂皮、羊皮等。裘皮服装可通过挖补、镶拼等缝制工艺形成绚丽多彩的花色（图 4-32）。

图 4-32 裘皮

（二）不同外观和质感的面料

1. 柔软型面料

柔软型面料主要具有轻薄柔软、悬垂感好的特征。根据组成材料的不同，柔软型面料主要分为针织面料、丝绸面料、麻纱面料。针织面料具有松散的结构，丝绸面料比较雍容华贵，麻纱面料显得非常软薄。这些面料能够将线条的流动感很好地展现出来，制成的服装能体现人体的优美曲线。在运用这种面料进行创意设计时，可以使用褶皱、堆积的方法（图4-33）。

图4-33 柔软型面料的服装设计

2.挺爽型面料

挺爽型面料具有清晰的线条和体量感。常见的有棉布、涤棉布、灯芯绒、亚麻布和各种中厚型的毛料、化纤织物等。这类面料做成的服装具有丰满的服装廓型，几乎适合服装创意设计中的各种工艺手法（图4-34）。

图4-34 挺爽型面料的服装设计

3.光泽型面料

光泽型面料的表面非常独特，不仅手感光滑，而且可以反射出熠熠的光芒，充满华丽的气息。它的特质使其展现出浪漫、华丽的风格，设计师常用这种面料制作晚礼服、各种女性时装、舞台表演装。无论是造型简洁的设计，还是较为夸张的设计，都应尽可能体现面料的光泽（图4-35）。

图 4-35 光泽型面料的服装设计

4.厚重型面料

厚重型面料的特质是厚实挺括，正因如此，它产生的造型效果是非常稳定的。各类厚型呢绒、绗缝织物、皮草等都属于厚重型面料，其面料具有形体扩张感，面料创意设计时不宜过多采用褶裥和堆积手法（图 4-36）。

图 4-36 厚重型面料的服装设计 ❶

5.透明型面料

透明型面料具有轻薄而通透的质地。相较于其他面料会将人体尽可能地遮掩起来，透明型面料能不同程度地显露身体，形成一种朦胧、神秘的美感。透明型面料包括棉、丝、化纤织物等，如乔其纱、缎条绢、雪纺、欧根纱和巴厘纱等。为了使面料透明的特点得到充分的体现，服装创意设计时通常采用叠加织物的设计手法，以达到似透非透的朦胧对比效果（图 4-37）。

---

❶ 2015 年中央美术学院中韩大学生服装设计作品。

图 4-37 透明型面料的服装设计 •

（三）其他特殊效果的面料

1. 图案面料

常见的图案面料有条纹、格子、波点、小碎花、团花等，不同的图案面料具有不同的图案题材和构成规律（图 4-38）。

图 4-38 图案面料的服装设计 •

2. 弹性面料

弹性面料的特质便是它具有伸缩性，被拉伸后会恢复原状。弹性面料制成的服装可以紧贴人体表面，人们穿上后可以活动自如，没有束缚感。有用氨纶纤维等弹性纤维制成的面料，也有通过针织工艺制成的弹性面料。在进行面料创意设计时，设计师应该适度考虑所运用的面料与其他添加材料的弹性大小，以保证服

● 2015 年中央美术学院中韩大学生服装设计作品。

❷ 同上。

装的良好效果和舒适性能（图4-39）。

图4-39　弹性面料的服装设计 ❶

3. 网眼面料

网眼面料具有松散的布面结构、一定的弹性和伸展性以及分布均匀对等的孔眼。孔眼是网眼面料区别于其他面料的主要特征，孔眼大小和形状变化较大，主要的形状有方形、圆形、菱形、六角形、波纹形等。网眼面料有软硬之分，常用于层叠的设计中，或将其附在面料上方，体现一种朦胧神秘的感觉；或衬垫于面料下方作为支撑，创造出蓬松的效果（图4-40）。

图4-40　网眼面料的服装设计 ❷

4. 蕾丝面料

蕾丝面料也被称为花边面料，属于网眼组织。根据弹性的有无，蕾丝面料分为有弹蕾丝面料和无弹蕾丝面料。蕾丝面料的特质便是具有轻薄通透的质地，因此用蕾丝面料制作出来的服装能够流露出优雅而神秘的气息。如今，蕾丝面料非

---

❶ 2015 年中央美术学院中韩大学生服装设计作品。
❷ 同上。

常流行，在各种服饰的设计中得到了广泛的利用，尤其在女装中非常常见。女性身着蕾丝制成的面料能够将其玲珑的身材凸显出来（图4-41）。

图 4-41　蕾丝面料的服装设计

四、其他材料

其他的一些材料在服装设计中应用得并不广泛，常常是设计师为了体现其独特的设计风格而添加的，如羽毛、填充棉、塑料片、稻草、豆子、植物、果实、木材、竹片、石块、铁丝、坚果壳等（图4-42）。❶

图 4-42　混合材料的服装设计

---

❶　骞海青. 服装面料创意设计 [M]. 上海：东华大学出版社，2018：7-14.

第三节　服装风格的创意性表现

一、波普风格的创意性表现

1.消解高雅与通俗的界限

波普风格的服装是波普艺术影响下的产物（图4-43），波普风格的审美极具艺术性，颠覆了传统的审美标准。传统的审美追求高贵、典雅以及绝对精神，并不符合如今的生活理念，因此它被逐渐淘汰。以往传统的高级时装设计展现浓厚的精英文化，这表现为设计师拥有正统的学院派审美立场，与通俗艺术之间具有严格的界限。随后，服装设计逐渐从雕塑以及绘画中汲取灵感，直到20世纪60年代，审美界被波普艺术掀起了一场变革，人们关于美的定式被打破和消融，设计师不再执着于精致的剪裁和服装的合体，宽松样式以全新的面貌被大众接受，这种风格被称为波普风格。一时间，服装设计界引领了一场关于平民化、年轻化的设计思潮。其实，波普精神就是实现生活与艺术、痞俗与高雅的结合。因此，波普风格的创意性便体现在高雅与通俗的界限消解了，让以往被人们认为普通的服装样式也能展现出别样的美。

图 4-43　波普风格的服装

2.对大胆、前卫与新鲜刺激的追求

波普风格的服装展现对大胆、前卫与新鲜刺激的追求，这在范思哲服装炫

131

目、新奇的设计中得到了很好的体现。首先，范思哲将梦露的头像、理查德的香烟盒以及沙滩女郎等全部作为设计素材印到服装上，这种新奇的手法展现出来的艺术形式富有变化而充满夸张的意味，且融合了色彩、文字、图案、线条等多种元素，是对波普语境极佳的营造。其次，在范思哲一些色彩鲜明的印花服饰中也很好地展示出潮流与前卫，这类衣服多采用暗紫、亮黄、翠绿、深蓝等色彩，并配之以鲜花树丛、亭台楼阁等风景画，给人以感官和视觉上的刺激。除此之外，一些服装设计师采用大胆的色彩和方法，使得呈现出来的服装新奇独特，充满"傲慢"的气息；一些服装设计师采用以往被嫌弃的服装材料设计出别样的服装，而且塑料、人造皮革等也逐渐成为流行的服装材料。这些都非常鲜明地展现出服装在波普艺术影响下追求新鲜与刺激。

3. 拼贴与风格泛化

波普风格的服装倾向于使用拼接手法，服装设计师刻意回避了风格及个性，在艺术表现形式上留下了较多思考的空间，充满艺术表现力。负有盛名的服装设计师亚历山大·麦昆便非常擅长从拼凑剪接中发现新的艺术元素，设计出新奇的服装。麦昆在 1997 年的春夏时装发布会上，推出了一系列具有独特设计风格的服装。这些衣服上印制着印第安图腾，其中突出位置放置的是面部造型，头部采用竹签和皮带构型，充满了浓郁的梦幻气息；裤子采用较为贴身的设计，通过皮革和绸缎设计，让人的线条曲线得到很好的展现，非常具有美感。麦昆设计的这款服装，很好地融合了竹签、皮带饰物和绸缎材质，前者充满野蛮与原始气息，后者则流露出浓郁的高贵气质，二者结合让服装既俏皮又高雅。在 1998 年的春夏时装发布会上，麦昆又推出了一款镂空风格的时装。这款服装充满天马行空的想象，艺术表现力极强，令人非常震撼。设计师镂空处理了人造皮革，很好地展现了服装的狂放与野性。同时，服装中又传承了传统服装的精致、合体，看似矛盾的设计元素却被设计师非常巧妙地融为一体，给人们带来了极佳的审美体验，实现了前卫和传统的平衡。

由此可见，在服装设计中，波普风格的服装不单单是材质的简单拼接，而是将各个地区、各个民族、各种风格以及各种流派的艺术风格以及表现形式很好地拼接在一起。设计师在拼接与中和的过程中，巧妙地创造了新的意象，丰富了服装设计的理念。

波普风格的服装将大众、消费以及庸俗与高雅设计结合起来，有着极强的反传统、反文化特征。除此之外，它在服装设计理念上还表现为对旧的、残缺的素

材进行裁剪和拼接，为大众创造了新的、奇特的感官享受，在一定层面上反映了后现代主义文化的精髓。●

二、原宿风格的创意性表现

（一）撞色的应用

在时装设计中，原宿风格的元素得到了广泛的应用。其中应用最多的是丰富而夸张的色彩。受到原宿风格的影响，很多服装设计大师都采用了撞色这一手法，撞色能够充分展现青春活力与自由时尚。撞色在服装设计中的应用可以分成以下三种类型。

1. 撞色条纹的应用

撞色条纹（图4-44）具有无限演变的可能。在具体应用到服装中时，可以根据不同的需要呈现不同宽度、方向、走势和配色的条纹。撞色条纹的使用使服装展现出极佳的视觉效果。

图4-44 撞色条纹

2. 不规则色块的撞色应用

不规则色块的撞色是指没有规定顺序的排列，色块大小不一，色彩关系对比强烈。例如，李奥纳德在2016年的春夏巴黎时装周上推出的撞色款连衣裙，就很好地体现了不规则色块的撞色应用。这条裙子采用蓝色、紫色和黄色三种浪漫的色彩，带来冰火两重天的视觉体验，具有强烈的艺术气息（图4-45）。

● 周婧晗. 浅析波普艺术对现代流行服饰设计的影响 [J]. 魅力中国，2013（25）：134.

图 4-45　撞色款连衣裙

3.带有生活气息的色彩应用

少数民族的历史图腾、大自然的花草树木、人们身边各种物品的色彩等，都是带有生活气息的色彩。这些色彩若被应用到服装设计中，常常会带来不一样的视觉体验。

（二）个性几何图形的应用

原宿风格的独特标志便是个性化的几何图案，几何图形的拼接、伸展、重复等特点可以为服装增加动感。2016年春夏米兰时装周上，普拉达（PRADA）运用重复的线条、显眼的色彩设计出个性鲜明的套装，充满了奢华的气息（图4-46）。2016年艾克妮的早春度假系列，其服装上具有与众不同的几何图形，这个几何图形是采用条纹棉布、透明硬纱、鹿皮不规则拼接而成的，且其上具有大小不一的对比色块，再配以下身截断的直筒裙，将天真甜美的原宿风格体现得淋漓尽致。

图 4-46　普拉达套装

（三）层次搭配的应用

层次搭配是原宿风格的特点之一，可以将人们身材比例的不足进行造型上的修饰。面料层次搭配和款式层次搭配是层次搭配的两种类型。面料层次搭配是指同一件衣服上出现两种或两种以上的面料应用；款式层次搭配是指用不同款式的服装一起搭配。例如，2017 年春夏巴黎时装周上斯凯（Sacai）推出的服装搭配便非常具有层次性（图 4-47），服装具有时尚气息和灵动性。

图 4-47　斯凯服装

作为服装潮流的灵感源头，原宿风格的影响在越来越多的服装设计中得到体现。原宿风格的迅速发展与其具有的独特元素息息相关。色彩高调、几何图案的延伸变化、款式混搭等特色为原宿风格注入了活力，让其充满魅力。在服装设计中，要想让原宿风格保持持久的生命力，必须将原宿风格的特有元素与现代设计元素相融合，对其不断地进行创新。❶

三、朋克风格的创意性表现

（一）款式的创意性表现

20 世纪的朋克风格服装追求粗糙质感的形制，紧身裤、皮夹克、长筒靴是其主要的服装款式。传统的朋克理念是现代朋克风格的服装款式变革的基础。设计师在此基础上改进了服装结构和工艺开片方法，采用反功能的设计手法，设计时刻意地违反人体结构重新进行结构分割，将省道转移到恰当的位置，在不改变

---

❶ 杨璨. 原宿风格在服装设计中的创新性应用 [J]. 化纤与纺织技术，2018（2）：52-54.

其整体风格的大众化时，强调外在视觉效果的冲击。因此，朋克风格的服装款式是非常与众不同的，袖子经常设置在非正常的位置，在一些莫名其妙的地方伸展出来，设置的伸展头部的地方也很随意，甚至将日常的运行型款式与优雅的晚装款式进行组合，或者将民族服装的款式与摩登服装的款式进行组合，呈现出极强的反思维特征。

（二）面料的创意性表现

现代朋克风格的服装设计不仅注重实用、生产等功能要求，而且更加重视运用创意构思的方式对材料进行加工。牛仔、皮革、针织等是朋克风格的服装一贯喜欢采用的面料。设计师会根据面料的面积和厚度，在平面上对其做凹凸不平的半立体处理，这样赋予了面料三维特征，使其充满层次感和立体感。另外，由于朋克风格本身是由摇滚发展而来，因此朋克风格的面料也讲究节奏和韵律感。而服装作品展现主次、虚实的变化方式也与面料的节奏感息息相关。总之，朋克带给人的第一感觉是强烈、紧张、兴奋，设计精神一定是铿锵有力且积极向上的，面料表现手法的情感韵律要能使服装"形神兼备"（图4-48）。

图4-48 朋克风格的面料

（三）色彩的创意性表现

色彩在服装设计中占据着举足轻重的位置，朋克风格的服装也不例外。朋克风格的服装其精神内涵只有通过色彩与款式的和谐融合才能得到充分表达。早期朋克的色彩展现出张扬的个性，没有受到政治阶级的影响，比如说，会采用红色、蓝色、绿色等夺目的色彩。穿着者自身的反叛便通过这些夺目色彩得到了很好地表达，红、黑、白作为服装的主题色，彰显出青年一代对火、血、暴力革命的理解。朋克的色彩本身给人带来丰富的联想，例如，黑色皮革上色彩绚丽的涂鸦，大号字母的粗俗字体，都存在着一种情绪宣泄的含义。随着经济、科技的发展，全球的文化逐渐融合，在这样的背景下，现代朋克的色彩不再像以往一样只关注能否吸引人的注意，它更多成为一种青年人个性表达的情感符号。作为一种支配青年一代文化的视觉语言，色彩对于现代朋克的诠释显得尤为铿锵有力，采用了非常贴合主流化的形式表达和应用。例如，在 20 世纪 60 年代末掀起了一阵反传统风潮的赞德拉·罗德斯的设计，他的设计特点是善于在色彩拼接上做文章。朋克色彩作为图案纹样的视觉表达，一般所起的作用便是装饰、修饰服装。但是人们这种对于朋克色彩的传统印象被赞德拉·罗德斯极具戏剧性的变革打破了。他的设计对朋克的一些色彩元素进行了导入，将黑、白、灰这些无彩色作为朋克服装的辅助色，筛选出色相分明的轻柔色调和明亮轻快的金属色，将它们作为表达个性的核心色，建立新鲜感人的气氛。通过建立这些色调的协调氛围，相对于朋克诡秘异常的色彩意蕴，呈现出朋克风格精致优雅的一面。❶

四、科幻风格的创意性体现

（一）轮廓科技化

服装设计师设计理念最为直观的体现便是服装轮廓，具有独特风格的服装轮廓常常能给予观众极强的视觉冲击力，给他们留下深刻的印象。科幻风格的服装轮廓具有突出的特点、生动的形象，识别性高，它的轮廓造型如同雕塑一般，棱角分明又简洁有力，剪裁夸张而不贴身，多为"H"型。在 2013 年伦敦时装周的 T 台上，设计师们将"1974 新造型"曲线改造得颇具科幻风格。通过拼贴技术和对比镶边轮廓，为这个经典的女性廓型打造出漏斗形镶片，从而营造出未来主义的感觉。科幻风格的服装设计灵感也可以来源于空气和流动气体，设计师可以借助精致和创新的材料制造出似水般流动的服装外轮廓形象，从侧面看，犹如一阵强风吹来，服装瞬间融化、混合、流动（图4-49）。另外一种带有科技感的服装廓型没有章法可言，造型的重点可以是人体任何一个部位的服装板块。也许未来感的服装本来就是随心所欲、出乎意料，最为关键的便是展现充满科技感的元素，令人感到新奇。

---

❶ 李克兢，刘天元. 论现代朋克风格服装设计的创新方法［J］. 南宁职业技术学院学报，2014，19（4）：21-24.

图 4-49　科技化的轮廓

（二）面料科技化

　　服装面料的科技化（图 4-50）主要表现在面料的环保性和新奇性上，运动服和户外服是主要使用这种面料的服装。高科技的面料不仅具有透气、散热、防水等基本功能，而且也具有发热、塑身、调节体温等功能。为了吸引观众的注意，T 台上的服装往往对科技面料的功能性、环保性不太重视，而是看重这种面料是否新奇、是否能刺激眼球、是否能带来高科技的感觉，所以设计师经常用浮夸的新奇面料来营造科技感和未来感。例如，用光泽的乙烯基或皮革来呈现未来摩登的格调；半透明的材质让模糊的身体轮廓变得更加显著；或是帕科·拉巴纳（Paco Rabanne）延续至今的极具现代建筑感的超前设计，这种设计的显著特征是具有棱角分明的立体反光片，立体反光片可以很好地表现未来感，三角和方形的外形结构设计本来就有现代科技感，这种诠释十分前卫。

图 4-50　科技化面料

（三）色彩科技化

　　科幻风格的服装色彩也展现出极强的科技感。科技感的色彩主要围绕海洋、太空、丛林来诠释。灵感可以是平面镜和多棱镜，也可以是多面扭曲的建筑。设计师通常使用变幻莫测的光泽色彩、发光的嵌条、半透明的色彩、醒目的色块或者撞色。常用色包括酸性绿、海蓝、紫色、黄绿色、白色等，营造科幻风格的重点色是荧光色，荧光色带有神秘、高调的气息，脱离世俗的情绪，可以为科技的抽象感营造紧张氛围，同时也体现了数码产品带给人们的欢乐（图4-51）。

图 4-51　科技化服装色彩

（四）图案科技化

科幻风格的服装图案讲究速度、活力、运动、交错、层叠、迷乱、精准、流畅。带有未来感的服装表现自身特性的重要元素是线条，无限流畅的线条犹如脑电波般启动人的兴奋神经，使人快速思考，快速反应。线条也可以是波动的图案，重点在于打造水的流动感，波光粼粼，弹指即破，仿佛给人以穿越时空的错觉，加上线条的光泽度，就像是变形了的发光二极管。除线条外，深海生物等微型重复图案，抽象的印花图案，扎染工艺制作的云朵图案，点状格纹图案，菱形、方形的几何图案都是设计师会考虑的未来感元素（图4-52）。❶

图 4-52　科技化服装图案

---

❶ 梅伶俐，付汀. 论科技化在服装中的表现 [J]. 文艺生活·文海艺苑，2014（7）：174.

第五章
民族服饰语言的时尚运用实践

    民族服饰是中国传统服饰的代表之一，常见于少数民族地区。随着现代社会的发展，越来越多少数民族的服饰逐渐"汉化"。目前，大多数时候只能在节庆、宗教仪式或某些正式场合才能见到他们的民族服饰。实际上，并非只有少数民族的服饰在"汉化"，现代人们的服饰也在"民族化"，即现代服饰设计的时尚创意也在不断借鉴民族服饰中的各种特色元素。民族服饰的美不同于现代服饰，其特有的民族服饰语言有着与主流文化不一样的社会文化和历史文化，所体现出的独特的民俗和艺术是现代服饰不具备的特质。民族服饰中的许多元素都可以用来进行现代化设计及时尚化运用。本章根据民族服饰在服饰设计中的独特性，将由浅入深地论述民族服饰文化的总体性解读、民族服饰中的创意设计元素、民族服饰语言的时尚性运用。

第一节　民族服饰文化的总体性解读

    民族服饰最能反映一个民族的社会文化特征，它会随着时代、社会文化的发展而不断发展演变。在某种程度上，可以说民族服饰在漫长的历史进程中发展出了属于自己的一种独立服饰文化。关于这种服饰文化的总体性解读，本节主要从民族服饰的历史性和社会性、民族服饰的生理诉求、民族服饰的民俗性、民族服饰的艺术体现四个方面着手进行具体分析和阐述。

一、民族服饰的历史性和社会性

民族服饰从发源、发展到相对稳定经历了几千年历史。早在上古时代，我国的一些铜器、壁画、铭文等就出现了关于民族服饰面貌的记录，后来民族服饰的面貌随着时代和社会文化的变化，开始多样化发展，同时也不断强化自身特色，最终逐渐趋于成熟、稳定的形态。因此，民族服饰是一种特殊的文化形态，具有历史性和社会性的双重特质。

（一）民族服饰的历史性

民族服饰蕴含着丰富的文化内涵，其中历史文化尤为突出。在观赏民族服饰时，人们能够清晰地感受到历史文化在民族服饰中留下的"痕迹"，这些"痕迹"可能是某些原始图腾或图案，也可能是某种独特的传统制作工艺。

理解民族服饰的历史性大致可以从两方面入手：一方面是民族服饰将不同历史时期服饰面貌的重要特征保留了下来；另一方面是有些民族服饰上的图案和文字体现的是某一历史时期该民族发生的重大事件或该时期盛行的神话传说。同时，由于民族服饰的传承依靠祖辈相传，且发展环境比较封闭，所以民族服饰的形式和纹样比较固定、稳定。因此，民族服饰也可以作为反映不同时期社会历史文化的实体依据。可见，民族服饰是历史的积淀和历史的记录。

（二）民族服饰的社会性

人类生活在社会环境中，影响着社会环境发展变化的同时也会受到来自社会环境的各种因素的影响。服饰作为人类的必备品和常用品之一，自然也会受其影响。而民族服饰代表着一族人，因此对其创作时所进行的思维活动就需要根据当时的社会环境考虑民族服饰的形象、色彩等方面。社会环境中的宗教、政治、经济、伦理、制度等都对民族服饰的创造有影响。社会的人和服饰构成的整体形象，都带有明显的社会色彩。不论哪个民族的服饰，从它在社会中存在的本质来看，都具有明显的社会性，只是其深浅程度不同。所以，从民族服饰中折射出来的社会的各方面信息都可以作为我们了解、体会不同民族社会文化的一个途径。

通过对民族服饰的观察和了解，我们发现它与社会文化中的宗教活动、社会角色的标识联系最为紧密。

二、民族服饰的生理诉求

民族服饰的生理诉求是指服饰设计和制作应该满足人体生理的需要和生存环境的需要。首先，人们穿着的服饰必然会与自己的身体接触，因此必须保证其适应人体的正常活动，且对人体起装饰作用，包括文身、穿耳、穿鼻、染齿、束腰等；其次，人们穿着的服饰需要适应自己所处的生存环境。民族服饰的生理诉求主要体现在人体装饰与生存环境两方面。

（一）民族服饰与人体装饰

服饰对人体的装饰，在我国民族服饰现象里比较常见的有文身、文面、饰齿、穿耳。用染料轻轻刺于皮肤的表面，形成图案，之后颜色就附着在皮肤上不脱落，这就是文身、文面。饰齿包括染齿、凿赤、镶齿。染齿是用植物染料将牙齿染色；凿齿在民间称为"打牙"，就是拔牙；镶齿是用金、银片包住牙齿。穿耳则是对耳朵进行人为的修饰。这些对人体的装饰很早就出现在人类生活中了，基本上都是与人类早期的宗教信仰有关，即祈求天神或祖先的保佑。从我们现代人的视角来看，对于这种装饰并不能完全接受并欣赏的，但在这些族人眼中，有这些装饰才能称之为美。

一开始，文面、文身的图案与神和宗教相关，但久而久之这些图案就成了一个民族或部落的象征。我国现在保留文身、文面的民族有傈僳族、傣族、高山族、黎族、布朗族、彝族、独龙族。我国少数民族一般以花卉、动物、几何为文身、文面的图案，图案是图腾崇拜符号或者与服装的图案一致，如黎族服装图案中的鸟翼、蛇神，同时也是文身的图案。文身的部位有胸、手臂、背、腰、大腿。布朗族男子认为纹身可以避邪，不仅有身份高贵的象征意义，而且美丽，能得到姑娘的青睐。

我国保留染齿习俗的民族有基诺族、哈尼族、布朗族、德昂族、傣族。一些民族将染齿作为成年人的标志，如布朗族和傣族，对这些民族的人而言，牙齿不染黑就等同于未成年人，因而也不能在社会中进行各种社会活动。不同民族染黑牙齿的方式并不是一样的，如傣族用一种古老的栗木烟涂牙，基诺族男子通常用梨木胭脂染牙齿。我国的壮族、仡佬族、高山族曾经有凿齿的行为，壮族男女在成年时进行凿齿，仡佬族女子在结婚时要进行凿齿。高山族男女年龄在八九岁至十一二岁进行拔齿。

穿耳这种人体装饰，是我国少数民族历来就有的习俗，发展到如今，有着丰富的形式，有些民族认为大耳垂才是美，有的民族认为大耳洞才是美。不仅如此，耳饰也是有着各种各样的民族特色。

（二）民族服饰与生存环境

服饰的存在和形式与人的生活环境和生产方式有密切联系。由于各个地域的自然环境有不同的特征、气候也有所不同，再加上社会环境中的政治、经济、科技等因素的影响，各民族的服饰文化呈现出了不同的地域特色和民族特色。地域环境是一个民族服饰文化赖以生存与发展的物质基础，从世界各个地区的民族服饰的发展过程中不难看出，它们无一不是顺应着本地域的自然环境和自然条件而发展的。

在我国少数民族服饰中，按照地域条件可划分为东北、西北、西南与东南，按照气候条件可划分为寒带地区、温带地区、亚热带地区。生活在寒带地区、温带地区的少数民族主要有蒙古族、满族、鄂伦春族、赫哲族等，以畜牧业为主要生产方式，由于气候寒冷加上畜牧业带来的大量皮毛，其服装结构以中长袍、长裤居多。服装材料以毛皮、毡裘为主，如蒙古族、鄂伦春族等民族穿用的长袍、皮衣、背心、帽子、靴、手套、皮包等都是以毛皮为主要材料制作而成的（图5-1）。生活在亚热带地区的民族，如东南沿海的客家人以捕鱼为主要生产方式，由于亚热带的海洋性气候，客家服装保持了中原宽博及右衽的特点，上衣和裤子都保持了宽松肥大的古风。客家人常穿的大裆裤以裤裆较深、裤头较宽为特色。为了适应气候，皆戴竹制凉帽，用细薄竹篾编成圆平面，中间留空，戴在头上露出发髻，帽檐用纱罗布缝挂以便遮阳，客家人称之为凉帽。生活在温带地区、亚热带地区的一些山地民族以农耕生活为主，气候特点是夏季潮湿、闷热，冬季不太冷，有些地区阳光充足，其服饰中裙子较多，大都以吸湿性较好的棉织物为服装的主要材料，冬季穿棉袄以保暖。生活在西南高山地带的民族，由于那里日夜温差大，日照强、风干、寒冷，人们一般使用动物毛做成毡、呢来制作披风、裙子、袍子、帽子等。

图 5-1 蒙古族服饰

这些都是人们为适应环境而就地取材的物质基础，体现出服饰顺应自然的必然性。

三、民族服饰的民俗性

民俗就是一个民族世代相传的民间生活风俗。服饰的形式与观念存在于某一民族的社会风俗中，它与服饰的社会性所不同的是，它反映了社会基层的民间生活。服饰直接反映物质民俗，如服装构成、穿着配套都有一定的民俗约定性与规范性而且世代传承。服饰又是民俗的寄托，寄托人们对生活的各种愿望。服饰在一个民族的民俗活动中起着不可替代的作用，我们可以透过民族服饰语言联想到一些民族普通民众的民俗生活情景和生活状态。

（一）民俗事象中的民族服饰

民俗事象就是源于民间又被世代相传的活动和现象，包括思想意识和行为。其具有地域性特点，即不同地方的民族有不同的民俗。传承性特点，即民俗一定是通过各种民俗活动世代相传的；群体性特点，即民俗是在群体生活中自然而然形成的，不是由某个人或官方组织设定的；历史性特点，即民俗的形成是一个长期的过程，是历史的产物，保留着民族历史阶段的痕迹，也包括一些历史痕迹的变异。

民俗生活对服饰的创造和传承有直接的关联，民俗生活也缺不了服饰的参与，服饰在普通民众的民俗生活中表达出了民众的种种愿望，如人生的重要阶段、节日、日常娱乐等。

1. 人生重要阶段的民族服饰

在很多的民俗生活中，人生的重要阶段往往通过不同的民俗活动表现出来，服饰则通常是民俗活动中最为主要的外在形式，如人生中的重要阶段——诞生、成年、结婚、去世等。人从一出生就开始与服饰结缘，成年时要有成年礼仪，要穿着特殊的礼仪服饰或留下特殊的装饰标志。结婚有婚礼服，不同国家和民族的婚礼服各不相同；人死后要着丧葬服，各民族的丧葬服也各不相同。不同的民族有着不同的民俗，这些服饰都是从日常生活中变化而来的，要么加强装饰性，要么对其进行简化，要么添加更多有特殊意义的佩饰。礼仪服饰在人生礼仪场合中起着重要的强化作用。

在一些民族的风俗中，对刚出生的婴儿要举行穿戴仪式，使用有特殊意义的服饰，如我国中东部地区人们常常在婴儿刚满一周岁的时候举行一个满岁仪式，给婴儿穿上特殊的贴身肚兜，上面绣着福禄寿喜、桃枝、鲤鱼跳龙门等图案。很多民族儿童的服饰不同于成年人的服饰，到成年时，一些民族会举行一次"成年礼"，将儿童时期的服饰换成成年人的服饰。例如，朝鲜族儿童的上衣色彩鲜艳，用七色缎料相配制作而成，象征彩虹，有光明、避邪、祝福的民俗内涵。在苗族民俗中，人们用绣着蝴蝶图案的布包裹刚出生的小孩，而蝴蝶是苗族的"祖灵"象征物，用绣有"祖灵"的布作褓裌以希望得到保佑。彝族女孩的服饰与成年后的服饰不一样，所以有当女孩成年后换服装的仪式——"撒拉伙"，意为脱去童年的裙子，换上成年的裙子，届时发型也随之改变，由单辫变成双辫，并戴上哈帕，着成年装的女子就可以到外面去交往。普米族、纳西族也有类似的成年礼——"穿裙子礼""穿裤子礼"。在一个民族的民俗事象中，结婚是人一生中最为重要的环节，服饰也是这一重要环节中的一个重点。很多民族的婚礼服饰都比日常服饰样式复杂，装饰丰富、佩饰品种多样，常常被称为盛装，以示隆重之意。例如，黔西北的苗族婚礼服裙子有很多层，层次越多女家人越显得体面（图5-2）。

图5-2 苗族婚礼服

丧葬服，在不同的民族有着不同的讲究。一些民族的习俗对丧葬服的色彩有规定，反映出不同的丧葬习俗。我国很多民族的丧葬服的色彩以白色为主，并戴黑纱、白花以示哀悼。例如，汉族一些地区的丧葬服，一般为头戴白布，腰间围系白巾，手臂戴黑纱，不同辈分的人穿戴的色彩与款式也有些不同。

2. 民俗节日中的民族服饰

许多民族都有自己的节日，尤其是在本民族传统节日的时候，都会穿戴最好的服饰来展示自己。在一些少数民族的节日里，往往是一个村寨的人都会穿着盛装出席节日的盛典，以增强节日的喜庆气氛，如贵州苗族的鼓藏节，整个村落和临近村寨的人都会穿着盛装来参加聚会（图5-3）。此外，节日活动也是各民族展示自家独特风格服饰的最佳时机。例如，康巴藏族（藏族一分支）在传统的赛马会上，人们像显示"家底"一样展示他们身上的如碗一样大小的银质挂饰，从胸口一直垂到膝盖下，既凸显民族服饰的华丽，也凸显康巴藏族人对隆重节日的重视之意（图5-4）。

图 5-3　苗族节日服饰　　　　图 5-4　康巴藏族节日服饰

（二）民族服饰是民俗的寄托

一个民族的民俗往往通过很多节日来表现，服饰则是一个民族节日中最为丰富、最能体现民族精神的一种文化符号。现如今，我国很多民族依然保存着本民族的民俗文化，这也是其服饰文化能够延续发扬的基础。

服饰上的图案也是直接反映各民族祈求吉祥富贵的形式之一。很多民族服饰中都存在祈求多子多福、婚姻美满、富贵平安等意义的图案，其形式有求子图、花蝶盘长、花开富贵、龙鸟成祥、荷花绿叶、山茶牡丹、连年有鱼、如意纹、云纹、太极如意图等，大多以动物、植物、人物、几何、文字为题材的图案，传达人们吉祥美好的人生愿望（图5-5）。

图 5-5　动植物组合图案的民族服饰

四、民族服饰的艺术表现

在人类漫长的历史中，自茹毛饮血的原始社会到物质文明高度发展的今天，人的创造能力非常强大。在不同时代、不同环境中，人们对创作与审美的要求都在逐渐发生变化，服饰是人类文化的凝聚物或某个民族个体的艺术形式，因此人们对服饰的艺术创作与审美的追求也永不停息。格罗塞在《艺术的起源》中提出："艺术的努力是由它的整个过程或者它的结果来引起审美感情。"[1]说明服饰的艺术性应该从服饰创作和服饰审美两个方面来考察。服饰审美是从服饰中反映出来的社会某个时期的审美特征，服饰的创造是按某一时期的审美意识、审美标准创作出来的，是由从事这方面工作的手工艺人创作，或由广大群众传承并创新的。在创作和创新的过程中，自然带着该时代的审美兴趣，又体现出创造性，既发现又发展了服饰创作的源泉。因为服饰的艺术性既表现在服饰创作中，又表现在服饰的应用和发展中，所以我们可以通过对民族服饰创作过程中工艺手段的了解以及对民族服饰外观形象的观察，来探索民族服饰的艺术性。

（一）民族服饰外观形象的审美艺术表现

我国有 56 个民族，由于历史、文化背景不同，风俗习惯不同，而使各自的服饰面貌风格迥异，但与我国历代服饰形制类型基本一致，即以上衣下裳和袍衫为主要结构形制。

上衣包括袍衫、背心、肚兜、披风等，下裳包括裤装、裙装。民族服饰中最普遍的种类就是衣与裳。衣服下摆长至膝盖以下的服装，单衣叫衫，用毛皮做的

---

[1]　格罗塞. 艺术的起源 [M]. 蔡慕晖，译. 上海：商务印书馆，1984：234.

或内层填棉的叫袍。从整体着装造型来看，服饰配件也是少不了的环节，在有些民族中，配饰甚至比衣物更重要，其设计和制作也更繁杂精巧。所以要全面了解民族服装的形象审美艺术表现，就得从服装和配饰上来看民族服饰的造型、图案、色彩特点。

1. 民族服饰的造型特点

（1）上衣

各民族最主要也最常见的上衣通常是袍衫和背心。

袍衫，即外穿的有袖的衣服。衫有短衫、长衫，短衫长从腰到膝盖，其材质以棉麻为主，有里料无填料，春秋季以衫为主，常常为南方民族所用（图5-6）。袍一般长至膝盖以下的位置，有里料和填料，或用毛皮作为材料，冬季以袍为主，为北方民族所用，如鄂伦春族、满族、蒙古族、鄂温克族等。

图5-6　民族服饰中的袍衫

无袖的长衣、短衣叫背心，有的民族称之为坎肩、马甲（图5-7）。背心一般穿在衣服外面，为背、胸、腹部保暖而用。北方民族的坎肩一般用皮或毛皮制作，如鄂伦春人的毛皮坎肩，是秋冬季节里很实用的服装。南方民族大都使用棉布做的背心。

图5-7　民族服饰中的背心

虽然各民族衣着的样式变化很多，但从结构上看，上衣还是以对襟、斜襟、大襟、圆领、立领、连袖、直身等为主要样式。

对襟是指门襟线在前中线的上衣，前左片、前右片一样大，门襟线左右一般安排盘扣，这种对襟以男服为多。斜襟是对襟的变化形式，前衣片左右重叠形成斜门襟线，左襟在上，形成右交领，这种斜襟以女服为多，方便哺乳婴儿；另一种是右襟在上，形成左交领。大襟是指衣服前片左右衽大小差别大，重叠处线条靠近衣侧缝线，有左衽、右衽之分，形式各不一样，重叠线处设以盘扣。从领型上看，民族服装多立领、圆口领、"V"字型领。这几种领型也是我国传统服装的主要衣领造型。立领的领座高矮有所不同，领前角有方有圆，各具特色。如彝族的立领背心。民族服装中常规上衣的袖子造型，以连袖为主，这也是我国历代服装中最典型的袖子造型。连袖衣有些是正常肩，有些是落肩。从袖子来看，各民族袖子的袖肥大小、袖口大小各不相同，彰显出各民族的特色，如四川德昌傈僳族连袖女上装，保山傈僳族连袖女衫。

（2）下装

下装主要包括裤子和裙子。

各民族服饰的裤身和脚口的长、短、肥、瘦各不相同，比较有特点的是其中的大裤裆结构，其裤裆又宽又深。裤子一般用棉布制作而成（图5-8）。

图5-8　民族服饰中的裤子

裙子也是很普遍的一种下装，我国很多民族的妇女都穿裙子。裙子的类型可分为连衣裙、长裙、中裙、短裙。从造型上可分为喇叭裙、节裙、筒裙、"A"型裙、"X"型裙，形式多种多样。少数民族的裙子结构种类较多，简洁的裙和繁复的裙都有。繁复的裙，如全手工做褶的多褶裙、多层裙、多色节裙等；简洁的裙，如腰围与裙摆大小一致没有做收腰处理的裹裙、西北少数民族常穿的"A"型裙、收腰连衣裙等。制作裙子的材料多以棉、麻、丝绸、织锦为主，西北少数民族多用丝绸做裙，南方少数民族则喜用棉、麻或织锦等材料做裙（图 5-9）。

图 5-9　民族服饰中的裙子

（3）配饰

服饰配件主要指除服装以外的所有附加在人身上的饰品，有首饰、帽饰、围腰、绑腿等。

首饰主要包括手镯、臂环、戒指、项链、耳环、发簪、发梳、背饰等。几乎每个民族都有用银、松石、玛瑙、海贝和动物的角、骨、齿等为材料制作的首饰，但每个民族各不相同，各具特色（图 5-10）。

图 5-10　民族服饰中的手镯和耳环

巾、帻、头帕、帽等包缠头部的物品均属于帽饰的范围。束巾主要是为固定头发和方便之用；戴帻则是为了将鬏发包裹起来不下垂，是类似帽子的一种头衣；用一块巾帕或两块布简单搭在头上的称为头帕，再用辫子、布带固定头帕。帽子样式极为丰富，分为有檐帽与无檐帽，其造型以平顶型、无顶型、尖顶型为主，而且几乎都会配以珠串、银饰、羽毛、绒球、穗子、鲜花等饰品（图 5-11）。

图 5-11　民族服饰中的巾帕和帽子

围腰是围在腰间的既有实用价值又有装饰意义的服饰，用布或织锦做成。其外形各异，有围腰、围裙之分，有从胸部到腰下的满襟式围腰，还有从胸部到脚踝骨部位的长满襟围腰。围腰有长短之分，长围腰长至膝盖以下，短围腰一般以围住腰臀为合适。长至膝下的围腰其围度大于 1/2 腰围小于臀围，因穿在身上像一条裙子，所以也叫围裙（图 5-12）。

图 5-12　民族服饰中的围裙和围腰

腰带是用于束腰的带子。由于早期的服装很多不用纽扣，只在衣襟处缝上几根小带用以系结，这种小带称为衿。为了不使衣服散开，人们又在腰部系上一根大带，这种大带就称为腰带。腰带分为两种：一种实用性较强用于固定围腰或裤裙；另一种是系在衣服外面，既能束腰又有美化的作用。装饰性强的腰带样式较多，一般采用皮革、织花带、布料、藤篾等制作。若是单色的腰带，其正面会刺绣各种图案和镶嵌各式装饰品，如串珠、彩石、珠宝、海贝、银片等，有些少数民族男子的腰带上还挂有各种随身携带的实用品，如小刀、打火石、烟袋、荷包、绳索、水壶等（图 5-13）。

图 5-13　民族服饰中的腰带

绑腿是绑在小腿处的一块较厚的布，是生活在南方丛林中的民族的防御用品，走山路时用它来防御林中蚊、虫、蛇的叮咬或防止被荆棘、岩石等划伤皮肤。绑腿一般用较厚的织锦、双层布料或毛毡做成，并在上面绣上图案，也能加强其厚度。绑腿有三种形式：一种是用长条布带在腿上绕缠形成保护；一种是用双层布料做成的长方形绑腿，使用时还需在外面用带子绕缠；一种是筒状绑腿，使用时直接穿进去，再用带子绕缠。这些都是各民族人民为了适应其生存环境而创造的服饰（图5-14）。

图5-14 民族服饰中的绑腿

2.民族服饰的图案纹样创造特点

各民族在服饰中用图案的现象比较普遍，无论在服装上还是服饰配件上都少不了图案。图案的内容以动物、植物、人物、几何图形、文字为主，从结构上看主要有通感联想、固定程式、主观构成等特点。

（1）通感联想

通感联想的基础是我国传统文艺的比、兴手法，即运用不同事物在感觉上的共性，象征、比喻某些意义。图案中常用的通感联想包括谐音联想寓意，如用"鱼"代表"余"，"金鱼"代表"金玉"；情景通感比喻，如用"蝶恋花""凤穿牡丹"象征对爱情的追求等；性质通感，如用花朵象征女性美，"独占鳌头"象征"第一""状元"；功能通感，如用石榴、鱼（图5-15）象征多子多福。

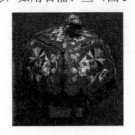

图5-15 用鱼象征多子多福

（2）固定程式

固定程式指一些图案具有某种约定俗成的构成形式，构成图案的形与形组合可表达一个固定的意义。例如，莲生贵子、山茶牡丹、二龙戏珠、福禄寿喜等图案既有固定程式，又有象征含义；二龙戏珠（图5-16）、龙凤呈祥则象征吉祥如意。虽然各民族的传统图案不尽相同，且有自身的特点，但都存在一些固定搭配，人们在运用这些图案时，一般不会轻易改变。

图 5-16　二龙戏珠图案的民族服装

（3）主观构成

主观构成，即图案的构成超越自然客观对象的结构、时间空间关系、自然透视关系，而根据主观需要来构成。例如，把不同时间、空间存在的花卉、动物、人物混合在一起，图案中各种拟人化造型，如苗族的蚌人造型、"蝴蝶妈妈"造型（图 5-17），龙腹部的肠子外露图案等，都是主观创造的形式。

图 5-17　"蝴蝶妈妈"造型的民族服装

3.民族服饰的颜色特点

民族服饰色彩以黑、靛、蓝、绿、红、黄、白为服装基本色，个别民族用褐色、浅灰色系列为基本色。刺绣的图案可谓五彩缤纷，但以五大基本色的纯色为主。总体印象是色彩的纯度高，在单色服装上绣红、绿、黄、蓝色彩图案。这与民族传统染料有关，传统染料是植物染料和矿物染料。植物染料是将植物中的色素提取出来染布，这是很古老的办法，如红花、茜草、苏木可以染成红色，核桃树皮染褐色，紫草染紫色，马蓝、菘蓝、靛蓝染蓝色，黄栌、黄槐、黄连染黄色，檀树皮染棕色。矿物作染料也是很古老的染色方法，矿物中的赭石可以把布染成赭红色，朱砂可以将布染成红色，石黄和黄丹可染黄色，各种天然铜矿石可作蓝色、绿色染料。苗族现在仍在使用矿石粉染衣料，他们的方法很独特：将猪血刷在染好色的蓝色布上，再用木槌子捶，直到布料表面发光。维吾尔族女子连衣裙的面料叫"艾得利"丝绸，是用古老的扎经染色法，使织出的几何图形呈晕染状，边沿模糊，以红、黄色为主调。

（二）民族服饰传统工艺的艺术体现

服饰创作中的工艺手段非常丰富。民族传统的面料制作工艺主要有纺纱、织布、染布、刺绣，从对纱线原料的发现、从植物中发现染料，到发明织布机进行纺纱织布，再到包括面料色彩、肌理的处理，如扎染、蜡染、印染、百褶、百纳布工艺等；面料图案纹样的处理，如刺绣、镶花等；面料构成的处理，如织锦、编织、编结等；同时也包括饰品的制作，如头饰、项饰、耳饰、背饰等，形成了一个服饰手工制作的原生态循环系统，●这些都是在逐渐增添服饰的装饰性，同时也在强化不同民族的服饰特色。

1.百褶工艺

百褶工艺指将棉布、毡子做百褶处理的一种服装定型工艺。这种工艺的过程是先用针在面料上缝，收缩成裙子，然后压制成型，形成百褶。苗族、彝族、侗族等女子的百褶裙都是用这种工艺制作出来的（图5-18）。

图5-18　苗族百褶裙

---

❶ 马蓉，张国云．服装设计：民族服饰元素与运用 [M]．北京：中国纺织出版社，2015：20.

2. 百纳布工艺

百纳布工艺亦称镶布工艺，是民族服饰制作中常见的一种工艺，即将各色面料按一定的图案拼接成一块整体，并在面料的背面缝制一块底布，以避免拼接的边缘缝头滑落，因此百纳布是双层面料做出来的，比较结实，一般用于制作儿童的被褥、围腰、背带（背扇）等。由于百纳布是多色布块的拼接，所以它的色彩多样鲜活，同时也具有吉祥的寓意，寓意着儿童穿着百家衣能够健康成长（图5-19）。

图 5-19 百纳布工艺制作的民族服装

3. 扎染、蜡染

扎染指用一定方法、按图案结构把布捆扎后，放入染料染色，再经过固色、漂洗、晒干处理过程，将捆扎处解开，因捆扎处未染上色彩就形成了图案。扎染是一种仿染方法，传统的扎染染料可分为植物染料和矿物质染料，染出的布料可制作衣服或裙子（图5-20）。

图 5-20 蜡染工艺制作的民族服装

蜡染也是仿染手法的一种形式，指用蜡在布上画图案，然后放入冷染料中染色、固色，再用沸水将蜡煮化、晒干，之前用蜡封画的图案未染上色，就形成了与底色不同颜色的图案。

4. 刺绣

刺绣就是用彩线在布料上来回上下穿梭，绣出各种有寓意或象征意义的图案。我国传统的刺绣主要有湘绣、蜀绣、苏绣、粤绣等。刺绣这种传统工艺常见于少数民族地区，是民族服饰的一大特色（图5-21）。

图 5-21 民族服饰中的刺绣工艺

5. 镶贴

镶贴就是将颜色不同的布，按照一定的图案进行拼接，再在拼接处用刺绣的一些技法进行缝合，最后将成形的完整图案缝在准备好的底布上即可。这种工艺的使用在少数民族的服饰中也非常常见（图5-22）。

图 5-22 镶贴工艺制作的民族服装

6. 织锦

织锦与刺绣都是传统民族服饰创作中最为经典的手工工艺。织锦主要依靠经纬线在织机上的穿插变化、色彩变换形成不同图案。传统织锦的门幅有很多规格，30～39厘米不等，门幅宽的常用于衣裙、腰带、围裙、背扇、被子等（图5-23），门幅窄的常用于挂包、绑腿、头帕等。此外，还有一种仅几厘米宽的叫织带，常用于包背带、围腰带、腰带等。

图 5-23　织锦工艺制作的筒裙

7.编织和编结

编织指将竹篾、晒干的草、麦秸、藤等植物，用一定的方法，编成各式各样的首服或服饰品。因编织的方法不同，可形成各种不同的肌理效果。一些民族的斗笠、背篓、竹篓就是用编织法制作的。

编结指用绳、线进行编结，因编结的方法不同而形成不同图形的方法。大一点的饰物用手编结，用作腰带、头饰或作为服装装饰（图 5-24）。小一点的坠饰用手针编结，如服饰边缘、帽顶、耳饰的吊坠等。

图 5-24　编织而成的黑头帕

8.银饰制作工艺

银饰制作是一种特殊的手工艺（图 5-25）。传统的银饰作坊有各种工具，如风箱、坩埚、铜锅、锤子、凿子、锥子、拉丝坩、圆形钻、方形钻、松香板、拉丝眼板、花纹模型等。银饰制作工艺的步骤：第一步，把银放入坩埚，一起置于木炭炉火上，随后将在高温下熔化了的银水倒入条形槽中；第二步，待熔化的银水凝固后，取出来趁热摊平，并捶打成大薄片，再剪成小块备用；第三步，将小块银片放入花纹模型压制成型，最后贴在松香板上雕凿花纹。大块银花板用阴模压制，如果做银丝，就将银锤成圆形，用拉丝眼板进行拉丝，细丝和粗丝都能拉出来，主要用于盘花。

图 5-25　民族服饰中的银饰

第二节　民族服饰中的创意设计元素

民族服饰中的艺术性元素，也是创意设计的主要元素，包括造型元素、图案纹样元素和传统工艺元素。对民族服饰的创意设计不应该只是对立领、盘扣、刺绣、扎染、对襟等元素的简单堆砌，而是要真正领会民族服饰中的精神和本质内涵，然后将民族元素符号进行再创作，进而设计出具既有创意又有民族文化底蕴的现代服饰。

一、民族服饰的造型元素

造型结构是服装存在的条件之一。各民族的服装造型都有自己的特色，但从总体来看也有一些共通之处，如对襟、斜襟、百褶裙、肚兜、披肩、围腰、帽子等造型款式大致相同，这些都能明显体现民族服饰与现代服饰的不同。服饰的造型又分为整体造型和局部造型。整体造型即服装的轮廓，是服装变换款式的关键，对整体服装的外观形象美有很大影响作用，因此它也是展现一个时代服装潮流的主要因素。局部造型即服装某部分的具体造型，如襟的造型、袖口造型、口袋造型等。这些细节部分的变化，让各民族的服饰在造型上各具特色。

（一）斜襟和对襟

"襟"是指衣服开启交合的地方。襟线处于人体胸腹前的纵向位置，襟线相交的方式不同，就会形成不同的服装款式。一些民族的沿襟线大都有刺绣的装饰性图案。典型襟的有斜襟（包括大襟）、对襟。斜襟衣在许多民族中都常用，襟线自领下斜向腋下，襟线右斜的称"右衽"，襟线左斜的称为"左衽"。除了汉族以外，许多少数民族都穿斜襟式的衣服，如蒙、藏、彝等。对襟衣也是民族服装中常见的一种款式，穿着很方便，其襟线在人体正面的中心线位置，前襟面左右衣片对齐，不重叠，用纽扣或带子系结，是一种对称型的衣襟（图5-26）。穿此类款式衣服的民族有汉、苗、壮、布依、哈尼等民族。

图5-26　民族服饰中的对襟

民族服装都有盛装和常装之分，斜襟衣和对襟衣也是如此。盛装服装更具有装饰性，色彩艳丽、配饰繁多，而日常服装就比较简单朴素。同一款造型的衣服有盛装和常装之分，大大丰富了同一款造型服装的变化形式，即在服装的结构处进行各种装饰，如添加银片、刺绣图案等。这种不改变服装造型的装饰，更能强化造型结构，强调民族传统服饰。因此，在进行服装造型创意设计时，盛装服装能够给人更多惊喜，产生更多灵感。

（二）百褶裙

百褶裙在我国已经有一千多年历史了，关于它的起源传说有很多版本。相传西汉汉成帝在位时期，皇后赵飞燕与其同游太液池，在鼓乐声中，皇后跳起了舞，忽然一阵大风刮来，皇后扬袖曰"仙乎，仙乎"，裙子好像燕子一样飞舞了起来，汉成帝急忙命令侍从拉住她的裙子，裙子被拉出许多皱纹，这是汉成帝突然发现有皱纹的裙子比原来没有皱纹时候更好看。于是，这种有皱纹的裙子开始迅速流行，宫女们都把裙子折叠出许多皱纹后再穿出来，并把这种裙子称为"留仙裙"，也就是现代人称的"百褶裙"。从明清到民国，这种裙子都极为流行，而且不仅是汉族人喜欢，少数民族更是钟爱，如苗族、侗族、彝族、傈僳族等。不同少数民族关于百褶裙的起源也有不同的版本，四川凉州傈僳族关于百褶裙的起源，相传是仿自雨伞。与此相似的传说在云南彝族也有。

　　各民族的百褶裙并不完全一样，主要体现在制作工艺、长度、花纹图案的不同。目前，现存百褶裙类型包括蜡染百褶裙、刺绣百褶裙、素色百褶裙、膝盖以上或以下的百褶裙及超短百褶裙等。在苗族中有一个支系（"短裙苗"）的百褶裙就是超短百褶裙，当地女子以穿着多层极短的百褶裙为美，盛装出场时，能多达六十层。层层叠叠的百褶裙裹在腰间，形成高高翘起的花朵一般的造型，让人惊叹不已。这个民族对百褶裙的制作相对于其他民族而言更具有超前性和独特审美性，很好地将用棉质材料制作而成的百褶裙的肌理质感展现了出来，且更有立体感（图5-27）。

图 5-27　"短裙苗"族的百褶裙

　　百褶裙作为常见的民族服饰元素之一，也是很有研究价值的，无论是从制作工艺、整体搭配，还是造型原理来看，都能让设计师产生更多的创意构形想法。

（三）肚兜

　　肚兜在民间指一种贴身穿的内衣，面料柔软，用于遮盖前胸和肚子，主要是女子和小孩儿使用（图5-28）。肚兜造型大多为菱形，上端裁成平形，形成两角，上端用一根带子挂于脖子上，两侧的带子则系于后腰。肚兜上常绣有各种传统的吉祥图案纹样，充满趣味和古朴稚拙感。小孩肚兜一般绣虎，有避灾之意；妇女肚兜一般绣白蝶穿花、鸳鸯戏莲、莲生贵子等图案，反映出对美好生活的向往。我国民间用肚兜的历史较长，明清时期更盛行，近代以来还在中原以及陕北一带民间流行。

图 5-28　民族服饰中的肚兜

有些民族的肚兜仅用于贴身穿的内衣，一般不外露，但有的民族的肚兜可以外穿，与敞开的对襟上衣作为搭配，露出肚兜上的精致刺绣花纹与下摆的三角造型，如增冲侗族的肚兜。他们的肚兜与一般所见的肚兜有很大不同：第一，增冲侗族女子把系颈部的肚兜带子系在外衣面上，用一个"S"形的银饰来连接和固定，这样做同时也美化了肚兜外观。第二，传统肚兜下端一般是菱形，刺绣图案位于菱形中心部位，而增冲侗族女子的肚兜下端会多一部分拼接的围布，这样肚兜的整体造型就变成了大菱形中间有一个小菱形，拼接的围布采用与中间部分对比效果强烈的色彩，图案仅集中在肚兜的上端。此肚兜与结构简单、装饰简洁的对襟上衣相搭配，相得益彰，这也是民族审美的完美表现，更显现了侗族人们对形式美的独特理解与诠释。

不同民族的肚兜能够展现出不同的韵味，研究各民族的肚兜造型元素，可以根据其造型设计、穿着方式进行服装创意设计。

（四）披肩

披肩是指披搭在肩、背处的服饰，也是民间常见的一种服饰。披肩的形式十分多样，装饰性强，具有浓烈的民族特色，如彝族主要有羊毛披毡和"察尔瓦"披肩（图5-29），纳西族则有着美好寓意的"七星"披肩（图5-30）。

图5-29 彝族的"察尔瓦"披肩　　图5-30 纳西族的"七星"披肩

这些披肩不仅有装饰作用，还有一定的实用价值。彝族男女都非常喜欢穿"察尔瓦"，其悬垂的长穗，显得彝族人民威武雄壮。"察尔瓦"的制作材料是麻和羊毛，有很好的保暖和遮雨作用；"七星"披肩是纳西族妇女服饰中最具有特色的部分，其制作材料是一整张黑羊皮，下面绣着七个精巧的圆牌，据说这几个圆牌代表的是北斗七星，这种披肩穿在身上，只以单片覆盖在背上，既可保暖也起到背负重物时保护肩、背的作用。

不同民族的披肩所体现出的设计思维方式对现代服装设计来说有非常重要的借鉴价值，对现代服装设计师造型设计的能力和创意设计思维也有深远影响。

（五）围腰、围裙

围腰、围裙是南方民族常见的服饰，通常是指系在脖子以下的只挡住胸腹部分或者腰以下的裙片，有各种大小及款式。起初围腰主要是用于保护衣裙的整洁，后来逐渐具有修饰腰身和形成服饰风格的重要作用。其装饰手法十分丰富，有织锦、刺绣、蜡染、镶银片、镶银泡等工艺装饰手段，苗族、彝族、侗族、壮族、瑶族等民族的围腰、围裙装饰华丽、式样繁多。藏族的围裙称邦垫，独具特色，以横条纹状图案为饰，不同地区的尺寸、材料、色彩都不尽相同。仅从条纹的尺寸和宽窄来看，城镇女子的邦垫条纹细，色彩淡雅；牧区女子的邦垫条纹宽，色泽艳丽。

我国许多少数民族都喜欢穿戴围腰或围裙，特别是云南红河地区新平、元江一代的傣族，因为太喜欢戴色彩艳丽的围腰而被称为"花腰傣"。这片地区的傣族妇女的腰部是用彩带层层束腰，将围腰与筒裙连接为一体，在腰腿部形成了层次丰富的视觉效果（图5-31）。

图5-31 傣族围腰

有些民族的围腰或围裙还具有婚否标识的作用，如云南墨江地区的哈尼族。哈尼族女性围腰的颜色能够表明自己是否已婚，白色或者粉红色围腰表示女子未婚，蓝色围腰则表示已婚。白族的围腰也有类似这样的作用，只不过要更为复杂一点。未成年少女和已婚妇女戴图案简单、色彩单一的围腰，恋爱期的少女主要戴绣有牡丹、芍药、金鸡、凤凰等具有象征意义的图案。总体来说，白族围腰看起来比较甜美、有活力，因此有人称白族妇女的花围腰是一支爱情的乐曲。

围腰或围裙作为民族服饰的造型元素之一，虽然大部分时间起陪衬作用，但其地位也是不可小觑的，在有些时候它也能成为服饰外观形象的重点，关键是看设计师如何进行搭配和设计。

（六）头饰

综观我国各民族服饰，有一个十分值得注意的现象，就是重头轻脚，即特别注重头饰。头饰主要由头巾、头帕、头箍、帽子等组成，南方民族缠头帕、戴头箍者居多，北方民族则主要以头巾、帽子为饰。各民族的头饰丰富多样，特色明显，通常可以作为区分不同民族的标志，如四棱小花帽表示维吾尔族（图5-32），白布无沿圆帽表示回族人（图5-33）。

图 5-32　维吾尔族四棱小花帽　　图 5-33　回族白布无檐帽

我国南方有些民族，因天气炎热，往往不穿鞋或穿草鞋，而对头饰、包头、笠帽之类则刻意修饰，常常别出心裁。例如，一些少数民族能通过帽子或其他头饰体现出明显的区域特点，如表 5-1 所示。

表 5-1　少数民族的头饰及其特点

民族	头饰	头饰特点
苗族	牛角形银冠	苗族的头饰多为银冠，其中牛角形银冠不仅很高，上面还雕有许多精致的图案纹样，又大又沉重的银头饰展现出姑娘家的富有
毛南族	花竹帽	花竹帽利用当地盛产的竹子编织而成，既能遮阳又能避雨，也是男女青年的定情信物
彝族	鸡冠帽	彝族鸡冠帽因其形似鸡冠而得名，装饰最为繁复，大致可分为三类：一是镶银珠的鸡冠帽；二是绣花鸡冠帽；三是绣花加银饰鸡冠帽。女孩年满三岁以后都要戴此帽，直至出嫁为止
土家族	菩萨帽	土家族孩子多戴一种菩萨帽，又叫"罗汉帽"，帽上从左至右钉有十八罗汉，围了半圈，正中间还缀着一尊大菩萨，据说是土家族信奉佛教的标志

　　对民族服饰中的斜襟和对襟、百褶裙、肚兜、披肩、围腰、围裙、头饰等造型元素进行研究，能够为现代服饰的创意设计提供一定参考，同时也能让民族文化更好地传承和发展。

二、民族服饰的图案纹样元素及其创意设计

　　民族服饰的图案纹样千奇百怪，有的是几何图案，有的是动植物图案，有的是人物图案，有的是神话故事图案，而且这些图案并不规整，基本都有一定程度的变形，在各民族中所表现出来的象征意义也有所不同。这些图案纹样色彩厚重，形式多样，有一定共通性，可以看出各民族祖先对自然界和生活进行了细致观察，并大胆结合想象，将有一定意义的图案纹样运用娴熟的技艺展现于服饰之上，从而达到质朴、厚重、绚丽的艺术效果。

　　各民族的这些纹饰大多反映出他们对生活的热爱和对美的追求，富有浓重的吉祥意味。在此，主要阐释民族历程、图腾信仰、天地万物、生殖崇拜、吉祥符号五大主题的图案纹样，❶从文化内涵的角度来解读民族服饰中纷繁复杂的图案纹样，从而更好地诠释民族服饰图案的造型特征及其审美特点。

（一）民族服饰的图案纹样元素

1. 象征民族历程的图案纹样

　　在漫长的历史进程中，一个民族为了集体的生存发展，为了形成团结、统一的社会秩序，往往通过各种方式来强化该民族的凝聚力和向心力。有关这一点，在各民族创世史诗中都有充分体现。特别是在我国南部的有些少数民族，民族生存的尊严使得他们更加注重民族历程的记述，如通过服饰上的图案表现，从而起到追根忆祖、沿袭传统、储存文化的巨大作用，对于个人和族群而言，这是保存历史记忆的有效手段。

　　西南少数民族妇女衣裙上那些斑斓的图形，许多有关资料都认为和他们民族的历史有关。广西红瑶女子的衣服上，有许多水纹托着船形的图纹（图5-34），反映了瑶族师公所唱的远古祖先迁徙的场景。在云南文山州、红河州的"青苗""花苗"中，传说裙子的褶裥是表示怀念祖先故土；上半部的几何条纹象征着她们过去在逃难中怎么过黄河、长江的；那密而窄的横条纹代表长江，宽

❶ 刘天勇，王培娜. 民族·时尚·设计——民族服饰元素与时装设计 [M]. 北京：化学工业出版社，2018：42.

而稀且中间有红黄的横线代表黄河；褶叠代表洞庭湖的水和田；衣服上的武术动作图案象征古代的战斗。

图 5-34 广西红瑶服装象征民族历程的图案

2.图腾信仰

在原始时代，人们相信人和某种动物或植物之间保持着某种特殊的关系，甚至认为自己的民族部落起源于某种动物或植物，因而把它视为民族部落的象征和神物加以崇拜。这也是发源于"万物有灵"观念的一种原始宗教信仰。信仰是在自然崇拜的基础上发展起来的，会随着民族的发展而发展。我国各民族之间有或多或少相同或完全不同的图腾信仰，有的民族图腾信仰不止一种，他们将崇拜的图腾形象以符号化的形式绣制在服饰上，强化了将人们连接在一起的情感纽带，并一代代传承至今（图 5-35）。

图 5-35 民族服饰上的太阳图腾

（1）虎纹

虎是山林中的猛兽，被称为"百兽之王"，自古以来虎就是勇气和胆魄的象征，用虎作装饰纹样有保佑安宁、辟邪的寓意。虎纹在民间服饰上运用很多（图5-36），民间喜欢给孩子戴虎头帽、穿虎纹围兜、虎坎肩、虎头鞋。古羌遗裔诸族多崇拜虎，自命"虎族"者不少。同属古羌遗裔的彝、白、纳西、土家、傈傈、普米等民族，都不同程度地保留着崇虎的遗迹。其中，彝、纳西、傈僳等族崇尚黑，以黑虎为图腾，土家族、白族则以白虎为图腾。

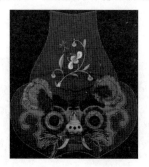

图5-36　虎头肚兜

（2）龙纹

龙是中华民族的象征，也是图腾崇拜的产物，我国南方许多少数民族都崇拜龙。龙是人们依据蛇、蜈蚣等虫类形象想象出来的形象，甚至被一些民族结合其他动物一起崇拜，如广西瑶族人崇敬的狗被冠以了"龙犬"的称谓，至今可以看到瑶族女子服饰上许多似狗非狗的"龙犬"的纹样。侗族以龙蛇为神灵，并作为本民族的保护神和象征加以崇拜，在服饰上出现的形象是善良的、可爱的、灵巧的，经常被运用在围裙、袖、衣襟等明显部位。苗族服饰上的龙纹一般是由水牛的头和角、羊和虾的须、泥鳅的短粗身体及鱼尾构成，其形象质朴可爱、平易近人（图5-37）。

图5-37　苗族盘龙纹绣片

（3）蛙纹

千百年来，人们对蛙的崇拜在民间刺绣中传承了下来，成为广泛运用的装饰纹样。在陕北、陕西、陇东民间刺绣中有很多蛙形、蛙纹出现，如蛙布玩具、蛙枕。少数民族也有对蛙的崇拜，瑶族服饰上的蛙纹通常以对称形式出现，图形简练概括。黎族人视铸有蛙纹的铜锣为"铜精"，是最珍贵的财富，在婚娶中作为男方送给女方贵重的彩礼。黎族民间创造的蛙神是男性，具有英武的形象，通常蛙纹造型夸张，大胆省略前腿，增长后腿，巧妙地表现出蛙跳的动态特征（图5-38）。

图 5-38　黎族蛙纹上衣

（4）鸟纹

鸟图腾或鸟崇拜在殷商时期就存在。"天命玄鸟，降而生商。"玄鸟由此而被视为喜神。在我国许多少数民族服饰中，有一种叫"百鸟衣"的服饰，衣服全身绣满五彩图案，这些图案基本都是以鸟的造型为主，千姿百态，十分生动。在苗、彝、瑶等少数民族服饰中都有百鸟衣的身影（图5-39），而且至今都流传着百鸟衣的传说，较有名的如壮族的百鸟衣、藏族的百雀衣、白族的百羽衣、布依族的九羽衫、朝鲜族的鸟羽、蒙古族的黄雀衣等，它们都把服饰作为故事的契机。

图 5-39　苗族百鸟衣图案纹样

（5）人纹

在古代先民"万物有灵"的思想中，人类相信自己在广袤宇宙中的地位，相信团结的力量，因此发展为对人自身的崇拜，原始岩画中就有人类捕猎成功的场面，生活用具的装饰图上也有人与自然相处的情景，神话传说中有女娲用黄土造人，人作为被崇拜的对象也常常反映在服饰上，把人形符号作为护符或替身，可帮助有血有肉的真人抵挡一切灾难。这些纹样有的以单个或一对的形象来表现生活场面，生动可爱；有的则以集群形象来抢夺人的视线，如广西三江侗族女子服饰以及小孩口水兜上拉手的小人，气势磅礴，仿佛在呼唤一种集体的力量。

人纹在黎族织锦做成的短裙上很常见，人纹黎语称之为"Yu"，即鬼神之意，实际上是对祖先的崇拜。黎锦上的人纹图案多种多样，大多概括简练、形象夸张、特征明显。有的人纹图案显示了人的勃勃生机和力量感，有的人纹显现出楚楚动人的姿态，如有长长的颈部、头上戴着首饰（图5-40）。

图 5-40　娇小可爱的人纹图案

3.天地万物

在民族服饰纹样中，有许多表现天地万物的纹样，这类纹样不仅注重装饰效果，更重要的是表现对大自然的崇拜。其中，大多以对日、月、星辰、山河大地、花草树木等的崇拜为主。人类面对大自然，通过身着的服饰，用这些美丽的纹样，在有限的天地中创造和表达出无限的精神世界。

（1）太阳纹

我国崇拜太阳的历史可推及至原始社会，原始岩画曾对太阳做过形象的记录。炎帝、太昊、东君都是古代的太阳神，在各民族中也都有关于太阳崇拜的方式。太阳既能给人类带来光明和温暖，也能造成干旱酷热，降灾难于人类，因而，各民族又多有射日的神话。由此太阳的纹样成为护佑人类的吉祥符号并在诸多民族服饰上大放异彩。

瑶族服饰上的太阳纹更多的是为了渲染女子形象，太阳是该族创世神话中女神开天辟地、执掌乾坤的创世勋章，作为普照万代的一个滋养生命的光环。分布在广西、贵州的瑶族女子喜欢刺绣，她们的头帕上、花带上几乎都绣有被图案化了的太阳纹样。太阳纹有的以大圆套小圆的形式出现，有的将太阳幻化为齿状多边形，充分体现出装饰的特点。侗族的背带常见的是以太阳为中心围绕八个小太阳的图案，四周的四条边用较宽的纹样装饰，强调了方形的结构，大概有天圆地方之意（图5-41）。

图 5-41　侗族背带上的太阳纹

（2）月亮、星宿纹

侗族也崇拜月亮，认为月亮是人们的避难之处，是可以依赖的神。侗族刺绣背带片上有圆形并带齿状发射纹样，当地称之为月亮花（图 5-42）。月亮花和星宿纹形式统一，都采用锁绣完成，如秋高气爽时明月高悬夜空，宁静而恬美的意境，纹样、色彩和内容达到统一和谐的美。如此这类月亮及星宿纹样在湖南通道、广西三江侗族背带中常常能见到，尤以湖南通道独坡乡的背带为典型，背带中央绣饰一个大大的圆形纹样，四角各有一个小圆纹，在圆纹的周围布满冠状花纹，边缘呈放射线条状。这组纹饰被统称为"月亮花"，中心纹样象征月亮，四角纹样为星宿，整幅图案采用古老的锁绣技法，黑底白纹，以彩线点缀其中，显得古朴而神秘。

图 5-42　侗族月亮花纹

有的背带用少许彩色线在深蓝色如漆似的侗布上绣上月亮花，中心用宝石蓝和淡紫色的线绣上蜿蜒多变的曲线，四周是榕树形成铺天盖地之势，丰富而饱满。

（3）树纹

树在人类远古神话中，有时是人攀缘登天，与天对话的天梯；有时是支撑天地不致塌陷的顶天柱。树从地面耸起，直指天空，可寄托人类与天相接、与日相交的理想和愿望。因而，人们选择树作为生命欲求的支撑，让天地沟通，万物有了繁衍生存的空间。

　　侗族的背带盖片上大多绣上榕树纹（图5-43），盖片的中心是圆形的太阳或月亮纹，四周绣着四株繁茂的榕树纹，多以锁绣技法绣饰枝干，或盘根错节，或挺拔直立、华冠葱茏，布满整个背带盖片，成为生命旺盛的象征。所以，天地相隔很近，地上的人经常沿着树爬到天上去玩。瑶族服饰纹样中，大树的形象多显示出一种雄伟庄严的孤傲姿态，如广西融水地区的瑶族挑花带，带上的树纹很明显，占据很大篇幅来展示其造型，那一组组集中排列的线条形成了树冠的外形，树的顶端和树根处用短线交叉，上下呼应，既有装饰美，又显现其高度，体现出一种独特的表现手法，有的树纹层叠紧密地出现在服饰上，成为他们心中的森林，代表了勃勃生机。

图5-43　侗族背带盖片太阳榕树花纹

4.繁衍崇拜

　　从古至今，对子孙繁衍的重视及对爱情忠贞专一的歌颂一直是民族服饰艺术反映的主题。其表达方式十分丰富，主要特征是借物寓情的隐喻。即借助于天地万物生长过程中与性爱和繁殖有关的现象，以各种纹饰表达出来，如用成双成对、多子繁殖的动植物来隐喻爱情，其中喻体往往具有个别性、形象性、有限性的特征，本体则具有普遍性、抽象性、无限性的特征。反映在民族服饰的纹饰中，常见的有双龙、双凤、双鱼、蝶与花、鱼与莲、并蒂莲等，这些纹样都暗示着男女情爱、生殖繁衍的寓意。这也正符合了中国本原哲学体系中的"阴阳相和生万物，万物生生不息"的观念。

　　（1）双鱼纹

　　鱼是繁殖能力很强的一种生物，历来被视为多子的象征，在远古习俗中是中原民族所崇拜的婚配、生殖和繁衍之神物。所以，鱼纹在服饰中大量出现也成为必然，双鱼形式出现的纹样寓意自然更加明显。

　　水族的彩色蜡染衣上鱼纹运用较多，鱼纹通常以双鱼或四条鱼相对出现，嘴部在中心形成花一样的图案，构图非常巧妙。剑河地区的苗衣上绣有旋转状的双鱼，如太极图一般，鱼的造型相当简练，只保留了基本特征。江苏南通地区的蓝印花布上也印有对鱼的纹样，中心图案是两条生动醒目的鱼，如以圆环围绕，构图更加完美喜庆，体现了人们追求圆满的心理（图5-44）。

图 5-44　双鱼纹图案

（2）双凤纹

凤的最初造型源自玄鸟（即燕子），是我国古代东夷族的图腾，后来被人们创造出一种集众鸟精华于一体的凤。凤纹常和龙纹结合运用，用来祝福夫妻和谐美满。此外，石榴和凤配合，"凤"和"福"谐音，构成了"多子多福"的寓意。苗族服装上常大量出现有双凤的纹样，通常凤鸟是围绕花朵作展翅飞翔状，翅膀和身体是装饰主体，色彩艳丽，形象拙朴可爱（图5-45）。瑶族服饰上也爱用凤纹，刺绣工艺细腻，造型生动，非常注重细节的表现。

图 5-45　双凤纹刺绣

（3）鱼戏莲

鱼为丰产的象征，本属阴性动物，但与莲花等阴性植物结合到一起时，民间又赋予了鱼阳性的特征，故而民间以各种形式出现的鱼戏莲图案，基本上都是表现男欢女爱和对多子的向往（图5-46）。

图 5-46　鱼戏莲剑袋

　　陕西民间刺绣坎肩，绣工细致精良，色泽艳丽，线条舒展。莲花作为主体纹样位于服装中心部位，两条金鱼造型姿态优美灵活，分别位于莲花左右两侧，构图对称均衡，采用了色彩渐变手法，平添了几分活泼自在的情调。南通民间鱼戏莲的蓝印花布，在装饰手法上运用了传统的夸张变化等手法，以自然形象为基础，加以提炼和概括形成图案，反映出人们质朴的心理，因而在形式和内容上都达到了完美的统一。

　　（4）蝶与花

　　蝶花之恋几乎是中国民间具有普遍意义的一种象征爱情的符号，从生态学上讲，蝴蝶与花卉是共生链的一环，蝴蝶离不开花，花也离不开蝴蝶，因而民间往往将蝴蝶与爱情相提并论。蝴蝶一次产卵无以计数，是多子的象征，具有繁衍生命的意义。民族服饰中往往以蝴蝶寓意人丁繁衍兴旺，这也是我国民族传统农耕社会需要劳动力和传统生育观的一种折射和反映。此外，蝴蝶姿态优美，被民间誉为"会飞的花朵"，是美丽的化身、美好的象征，因而成为人们对美的一种憧憬与向往。蝴蝶纤细的翅膀上还承载着人们对未来、对美好事物的希望和追求。

　　壮族服饰上的蝶花纹表现形式多样，不同的位置和不同的服饰具有不同的造型和表现形式，如壮族背带的蝶花鸟鱼装饰图案，将不同的种类分置于花瓣中，构思巧妙，艺术性地表达了一定的隐喻。仫佬族服饰绣片上的蝶花纹主要用作服饰中心部位图案，蝶与花都做了简练的装饰效果处理整体呈椭圆状，表现了人们追求完美的心理。毛南族绣片上的蝶纹做了大胆的变形处理，四只蝴蝶围绕成一个圆形，组合非常巧妙。苗族服饰上的蜡染蝶花纹以适当的形式表现，蝶纹和花纹都用同样的艺术表现手法，统一而完美（图 5-47）。

图 5-47　苗族蝶与花纹样图案

5. 吉祥符号

许多在民间流传下来的、约定俗成的吉祥符号，如我们常见的万字纹和回纹，寓有"富贵不断头"之意，象征吉祥如意和生生不息。如意纹，顾名思义为吉祥如意；盘长纹，象征吉祥连绵不断；方胜纹，寓吉祥之意，因呈连锁状，又有生命不息的含义。这类纹样在服饰上体现为秩序化和几何化的装饰美。

（1）云纹

我国历来喜欢以云为素材作为装饰纹样，云纹是一种极具中华民族特色和民族气派的传统装饰纹样，它的表现形式纷繁多样，通常以涡形曲线为基本构形元素，并按一定的结构模式和组合方式构成，常常被称为"祥云"。纵观历代中国装饰图案，不难发现云纹的重要地位，无论是作为主体纹样装饰，还是作为辅助纹样装饰，也无论是单独装饰形式，还是连续装饰形式，云纹都是一个不衰的主题。

云纹图案在民族服饰上较为多见，有的云纹曲线已变化成直线再转为直角，又可称为云勾纹；有的云纹是直线和曲线的结合，与主体图案遥相呼应，具有相同的艺术处理效果；有的云纹注重平面展开的结构线处理，适合运用于大宽幅的布面上，既注重平面展开效果，也追求图案形式的空间感，力图展现舒卷流云的动感效果，而且云朵之间以点状排列，突出了云朵造型，并生动地体现了云的轻盈、柔美和飘逸；还有的云纹造型简单、质朴、自然，没有雕琢感，显得活泼自由（图 5-48）。

图 5-48　羌族云纹鞋

（2）万字纹

万字纹即"卍"图纹，在佛教里作为一种护符和标志，寓万德吉祥之意。在民间，万字纹应用极为广泛。民族服饰上，万字纹样有左旋和右旋两种形式。服饰上的万字纹常见的有"万字锦""万字寿团""团万字""万字流水"等吉祥图纹，有吉祥如意和富贵不断的含义。少数民族服饰上万字纹的运用手法很多，有的是与其他图案结合起来作装饰纹，围绕中心纹样重复出现，装饰效果极其突出。还有的万字纹作为一个图案的局部装饰出现，如万字纹成为树纹的一个局部，出现在显眼的位置，这种装饰手法比较独特。此外，万字纹更多独立运用，如广西瑶族裤脚挑花边饰，万字纹反复排列出现，但交替更换颜色，形成节奏感强烈的装饰效果（图 5-49）。

图 5-49　民族服饰中的万字纹

（3）如意纹

如意是我国一种传统的吉祥器物，顶端多为心形、灵芝形、云纹形。如意纹寓意"称心如意"，通常和瓶、牡丹等其他纹样一起共喻平安如意、吉庆如意和如意富贵等意。如意纹在服饰上的运用历史悠久，运用如意纹做装饰讲究纹样造型与服饰造型的结合，如意纹还大量运用在衣摆和衣角处，显得富贵大气。有的除了装饰在衣角或衣摆处，还运用在衣襟处，无不体现出人们追求吉祥如意的心理（图 5-50）。

图 5-50　如意领

（4）回纹

回纹是被民间称为"富贵不断头"的一种纹样，它是由古代陶器和青铜器上的雷纹衍化而来的。因为它是由横竖短线折绕组成的方形或圆形的回环状花纹，形如"回"字，所以称作回纹。明清以来，回纹广泛地运用于生活的各方面，如服饰织绣、地毯、木雕及建筑装饰上，多用作边饰和底纹（图5-51），由于这种纹样整齐划一而且绵延丰富，人们便赋予它诸事深远、绵长的意义。回纹的形式不仅有排列组合变化，还有色彩变换，这些变化能增添服饰的审美趣味，让民族服饰更丰富，更有特色。特别是当每个单元回纹紧密有序地排列在一起时，其呈现出来的装饰性很强，有古朴秩序之美。

图5-51 回纹上衣

（二）民族服饰图案纹样元素的创意设计

民族服饰中的图案纹样元素丰富多彩，是现代服饰进行创意设计的资源宝库和灵感来源，也是现代设计师借鉴最多的元素。因此，在考虑现代服饰创意设计时，我们可以通过有直接应用法和间接应用法两种方法来对民族服饰中的图案纹样元素进行借鉴。

1.直接借鉴应用法

直接借鉴应用法，即直接运用原始素材，将民族服饰中图案纹样的完整构成形式或局部形式直接用于现代服装设计中，让现代服饰体现出民族特色。此方法的运用有一个前提条件，就是设计师对民族服饰的图案纹样要有很深的认识和了解，因为有的图案纹样只适合做边饰或者点缀，而这决定着图案纹样在服饰设计中的位置选择；有的图案纹样所代表的文化内涵和象征意义不同，这决定着与现代服饰设计的理念是否有冲突和矛盾，反映在服饰外观形象就是整体是否协调。所以设计师在运用民族服饰的图案纹样元素前需要深化自己对这些元素的认知。

在直接借鉴应用时，借鉴的是没有被改变的元素，而创新设计主要体现在运用上，如图 5-52 所示。这种运用主要体现在两方面：一方面是对图案纹样元素本身的组合形式进行重组，使其在现代服饰设计中进行巧妙设置，以满足现代服饰的轮廓结构，如将原来的左右重复组合变为上下左右对称式组合。这样的创意设计能够使得直接借鉴运用具有灵活性，图案效果也因为适合而变得更加精彩。另一方面是改变图案纹样元素以前的运用位置和形式，即之前图案纹样运用在民族服饰上的位置，在被借鉴后应该以现代服饰为基础来进行适当调整变化，这样才能使直接借鉴运用更具有意义。如图 5-53 所示，这是以纳西族妇女披肩上的"七星"图案纹样为借鉴的创意设计。原本披肩上有 7 个月亮图案，此帽子只选取了其中三个，对于位置排列也有变化，使得帽子更有现代潮流感。

图 5-52　2018 年《洋媚吐绮》系列设计作品

图 5-53　借鉴"七星"披肩图案纹样设计的帽子

2. 间接借鉴应用法

间接借鉴应用法是在吸取文化内涵的基础上，抓取其"神"，对民族文化神韵进行的引申运用，就是在原始的图案纹样中去寻找适合现代创新的形式和艺术语言。也就是说，间接应用法是将民族服饰中的图案纹样元素作为一种参考，参考其中的结构组合、颜色配置、材质选用等形式与方法，这些是元素的无形和抽象方面。它们体现的是民族服饰图案纹样元素的运用规律和特点，将这些规律和特点运用到现代服饰的造型、色彩、材质等设计方向中，将使借鉴与运用变得更隐性、更巧妙。

使用间接借鉴运用法对民族服饰中图案纹样元素的创意设计，最主要的就是掌握好替换法，如图 5-54 所示。通常情况下，现代服饰设计师以民族服饰中图案纹样元素的运用规律与特点为构成形式的基础，而用现代符号、图形、材质等来替换原有云南少数民族传统服饰元素的外在形象，这样做不仅能保留民族服饰的象征内涵，还能体现其创新设计。例如，对于一些图案纹样元素的借鉴，可以只借鉴其左右翻转或左右重复的构成形式，其图案纹样的形状样式可以换成具有现代感的图案，这样能够同时体现出民族元素的形式感和现代感。此外，我们也可以通过用其原本的制作方式来绘制新的图案纹样或替换民族服饰中图案纹样的制作方式，从而进行现代服饰的创新设计。民族服饰中的图案纹样主要是通过刺绣完成的，我们也能通过这种刺绣工艺绘制现代图案，或者通过现代印花技术转印少数民族传统服饰上的手工刺绣图案，置换原本一针一线的手工制作过程和实际肌理触感，营造出整体远看是刺绣的视觉效果，实则为现代平面印图，体现了现代科技的发达。

图 5-54　2016 年教学成果《大羽华裳》系列设计作品

总之，对民族服饰中图案纹样元素的借鉴创新，不能忽略或破坏各种民族元素本身的象征含义，要注重现代服饰设计与民族服饰元素结合的整体协调性，让现代服饰有更多创意发展的空间，同时将民族特色更好地传承下去。

三、民族服饰的传统工艺元素及其创意设计

通过对民族服饰的造型和图案纹样元素进行研究，可以发现服饰的这些元素会因为制作工艺和材质的不同，呈现出不同的效果。随着生活水平的提高和物质环境的变化，人们对服饰的要求也越来越高、越来越多样，不再满足于织一块布，而是考虑由某种技术可以达到怎样的视觉效果和美感。服饰艺术与其他艺术形态不同的是，民族服饰的材质性和工艺性很强，材质性和工艺性是构成服饰风格的重要因素。

民族服饰工艺在几千年的发展历程中，由于地域、物产等自然条件的不同，人们利用和加工的手段也不同，因而形成了丰富多样的艺术风格和独特的表现方式，同时也随着丰富多样的品种和技法而显示出不同的特点。因此，学习和了解民族服饰的工艺技法，也是进行现代服装创意设计的重要方式。这里主要阐述民族服饰中最常见的刺绣工艺和印染工艺。

（一）刺绣工艺元素

刺绣工艺在少数民族服饰中的应用十分广泛，头巾、衣领、衣襟、袖口、衣肩、衣背、衣摆、腰带、围腰、裙子、绑腿、鞋子、围兜、背儿带、枕巾等都离不开刺绣的装饰，许多少数民族女子花费多年时间一针一线地刺绣，只为制作出一套精美的盛装服饰作为嫁衣。其中，苗族服饰大多有着斑斓厚重的刺绣，图案之密集丰富，工艺手法之精湛，视觉冲击力之强，比其他民族有过之而无不及。苗族刺绣针法细腻精致，是我国保留传统针法最全面的绣品，并善于创造新针法，如绉绣、辫绣、堆花、锡绣等，还有我国最古老的针法锁绣，也在苗族刺绣中得到了很好的运用和发展。瑶族服饰的刺绣也十分丰富，其针法绣法灵活多变，或粗细相间，或虚实结合，色彩明快。侗族刺绣要求最高的是背儿带，绣艺一般的女子是不敢绣背儿带的，一定要等到绣艺高超时才能绣它。侗族的刺绣背儿带，图案结构紧密，常在黑底布面上绣出五彩花纹，显得绚丽夺目，光彩照人。彝族刺绣的图案独特，色彩强烈，有着独特的象征意义。白族刺绣的工艺精细，色彩鲜艳，运用诸多丰富的纹样和内容来表达该民族的传统信仰。其他如羌、土家、景颇、壮、蒙古、藏、傣、维吾尔等民族也都有自己独具特色的民族

刺绣。各民族刺绣绣法自成体系，绣品风格各具特色，均大量运用于服饰和家居用品中，代代相传。

刺绣的工艺主要在针法与相应的配线色上。针法就是指绣线按一定规律运针的方法，反映在绣品上就是绣纹组织结构以及纹样附着于面料的各种手段。从古至今，刺绣针法极为丰富，以下介绍一些传统而又有民族特色的针法及其特点，见表5-2。

表 5-2 刺绣针法及其特点

刺绣针法类别	刺绣针法及特点
平绣	平绣针法有两种：一种是从纹样边缘的两侧来回运针作绣，要求线纹排列整齐，边缘光洁圆顺；另一种先以长针疏缝垫底再用短针脚来回于边缘两侧运针，绣出的纹样微微凸起、平整光洁。 平绣的特点：单针单线，针脚排列均匀，丝路平整
锁绣	锁绣的基本绣法有两种：一种是"双针法"，即在刺绣时双针双线同运，所用绣线一粗一细，粗线作扣，细线穿扣扎紧，反复运针，形成图案；另一种是"单针法"，即只以一针一线作，每插入一针作一个扣，针从扣中插入，形成一环紧扣一环的纹路。 锁绣的特点：曲展自如，流畅圆润，用来表现线条或图案形象的轮廓，可以形成严整清晰的边线，具有较强的消光性，反光弱，更显色彩厚重，不浮艳，运用得当能形成色彩的深浅变化
打籽绣	打籽绣有三种运针方法：第一种是先在绣面上挽扣，落针压住环套绣线，形成环状的小粒子；第二种是先将绣线在绣针上绕三圈，再落针，从反面抽出拉紧，使绣面形成立体状的颗粒；第三种是用双线进针和出针，双线在针尖左右各轮绕二至三针，再将针抽出，并按原针孔戳向反面抽紧即成。 打籽绣的特点：绣纹具有粗犷、浑厚的效果，装饰性很强，光彩耀眼，坚实耐用，多用于表现花蕊、眼睛等点状纹样
补绣	补绣的做法：先用素白薄绢、绫、棉布、麻布等织物剪裁出纹样的部件，再按照设计图稿将各部件润染上各种颜色，然后缝缀在料上。有的还在最后沿边框做一周盘金，界定纹样轮廓。 补绣的特点：块面鲜明，色泽浓艳，且有褪晕效果
钉线绣	钉线绣的做法：把绣线钉固在底料上构成纹样，被钉住的线比较粗，叫综线；固定用线比较细，叫钉线。先用综线铺排出纹样，然后用钉线将综线固定即可。 钉线绣的特点：增强条纹的视觉强度，能够形成丰富的色彩变化，整体风格厚重，有力量感
辫绣	辫绣的做法：先用六至九根丝线分三股编成辫状扁平丝带，然后将其依纹样轮廓弯曲，钉缝固定于底布上。 辫绣的特点：纹样走向清晰而缜密，整体图案结构严谨，风格古朴，形式感也非常统一
皱绣	皱绣的做法是按辫绣方法先用八根或十二根丝线手工编织成宽约两毫米的辫带，然后依纹样皱缩弯曲，由外向内盘出图案，边盘边用同色丝线将辫带钉缝固定于地布上，每钉一针都须折叠一下辫带。 皱绣的特点：图案立体感很强，能形成粗犷、朴实而厚重的肌理效果，既经久耐用，又有一种特殊的质地美
连物绣	连物绣一般有两种绣法：一种是按照纹样装饰的需要，一边绣一边直接穿连实物固定，从头至尾仅用一根针线操作；另一种连物绣需同时用两根针线，一根绣线穿连实物，另一根绣线以钉线绣针法固定连物绣线。 连物绣的特点：丰富了绣品的质感变化，增强了色彩对比，有着别具一格的视觉效果

刺绣针法 类别	刺绣针法及特点
纳绣	纳绣的方法：以素纱罗为面料，按织物经纬纹格进行刺绣。具体地说是用垂直直针，以数格子的方式，在方格眼布底上，绣出一组组图案的方式。通常是只绣图案，而留素底。 纳绣的特点：图案纹样形象生动而简练，做工精美细腻，配色优美和谐
挑花	挑花针法：通过绣针将绣线挑成互相对称的斜十字形的针迹，并且由这一个个斜十字针迹整齐排列，构成花纹或图案。 挑花特点：挑花在不同民族有不同的艺术风格，可塑性强，如苗族挑花的图案精致而有序地排列，有着鲜明的节奏感；瑶族挑花的图案古朴厚重

（二）印染工艺元素

我国民间印染种类很多，包括蜡染、扎染、夹染、蓝印花布、彩印花布等等，这些印染工艺技术有着悠久的历史，并且在我国传统文化中产生了深远的影响。以下介绍两种在民族服饰上运用较多的工艺：蜡染、扎染。

（1）蜡染工艺

蜡染是我国古老的印染技艺之一，是一种防染印花法。防染的基本原理是利用"遮盖"或"褶迭"的方法，使织物不易上色，产生空白而成花纹。蜡染工艺的核心是利用熔化后的黄蜡或者白蜡在织物上画图案纹样（图5-55）。黄蜡和白蜡都是能防止染色的物质，用其画出的图案纹样不易着色，因而能在织物进行染色，将蜡去掉后，织物上会显示出白色的图案纹样（图5-56）。照此流程，进行"蜡绘"，并多次放入不同的染液进行染色，最终就能得到五彩的蜡染织物。在蜡染过程中有一个非常有趣的常见现象，就是固态的蜡在操作中会不可避免地产生裂纹，而染液就会随着这些裂纹进入织物纤维，最终形成自然的、难以描绘的冰纹。即便图案纹样相同，冰纹也不会完全相同，这种冰纹会使蜡染织物具有与其他印染织物不同的肌理效果。

图5-55 用黄蜡在织物上作画

图5-56 经蜡染的织物

（2）扎染工艺

扎染是指通过打绞成结而染，它也属于物理防染工艺，但防染的方式则是用细绳在坯布上扎出一个个细小的结，由于捆扎处被扎紧了，染液进不去，染毕再解去细绳后就留下了一圈圈或一道道美丽的花纹。扎染的原理很简单，但要染出好的效果，经验和技巧很重要。有必要一提的是扎染的方法，扎染的方法千变万化，不同的方法会产生不同的效果，一般来说，扎法可以分为两大类，见表5-3。

表5-3 扎染工艺方法

方法	图示	扎染方法
针扎		针扎即在白布上用针引线扎成拟留的花纹，放入染缸浸染，待干，将线拆去，紧扎的地方不上色，呈现出白色花纹。这种方法能扎比较细腻的图案
捆扎		捆扎即将白布有规则或任意折叠，然后用麻线捆扎，入染后晾干拆线，由于扎有松紧，上色便有深浅，呈现出变化的冰纹，这种方法适合扎成段的布料

（三）民族服饰传统工艺元素的创意设计

将民族服饰中的刺绣工艺元素和扎染工艺元素运用到现代服饰的创意设计中，最常见的方法就是用刺绣和扎染这两种传统工艺进行现代化创意设计。

首先，刺绣和扎染工艺在现代服饰中的创意运用能够凸显和丰富现代服饰的风格，如在直接借鉴运用蜡染或扎染工艺时，由于传统蜡染或扎染常使得服饰呈现古拙感、朴质感，因此我们可以在现代服饰的设计上以这样的效果为基础，通过它们营造出现代服饰的民族风格或优雅精致风格，使得服饰结构呈现层次感。其次，刺绣和扎染工艺在现代服饰中的创意运用还能够丰富现代服饰的色彩，因为这些染料的制作过程是人为的、可调控的，所以在染料制作中能够有更多创新色彩出现，而且可以选择健康环保的植物进行制作，使服饰符合现代的环保理念。总之，对民族服饰传统工艺元素的创意设计就是要了解和掌握各民族传统工艺的技法和表现方式，从中总结出其本质精神，并运用现代化的创新语言表现出来。

第三节　民族服饰语言的时尚化运用

民族服饰语言的时尚化运用是指服装设计师通过民族服饰的艺术语言塑造人的整体着装，这是一个创造性的活动，是一种艺术表现手法的创新。在现代生活中，民族服饰元素经常出现在各种时尚服装的设计中，并且是作为服装的一大特色呈现出来。本节关于民族服饰语言的时尚化运用主要从民族服饰语言的时尚化运用类型、时尚化运用途径以及时尚化运用程序三方面进行阐述。

一、民族服饰语言的时尚化运用类型

由于服装的种类可以分为成衣、时装和（高级）定制服装，所以民族服饰语言的时尚化应用类型也可以分为这三种。目前，在成衣、时装和定制服装中经常能看到民族服饰的影子。

（一）民族服饰语言的时尚化运用 —— 成衣

成衣是由工业化生产程序按一定批量、一定尺码系统生产的服装，是近代服装工业中的一个专业概念。成衣的品种较多，有衣服、裤子、裙子、连衣裙、风衣、马甲、内衣、夹克、居家服等，因不同的穿着季节，不同的品牌风格，不同的穿着时间、场合而有不同的设计要求。

成衣作为最大众化与受众面最为广泛的服装类型，其多样化的风格成为其突出特点：成衣是现代人生活中必不可少的部分，它的优点在于可以批量生产，价格较订制服装要便宜很多，但它的优点在某种层面来讲也是桎梏 —— 现代生活压力大、节奏快，人们从心底希望摆脱一切束缚、张扬个性、彰显自我，而批量化生产的成衣大多给人千人一面的感觉，所以以多样化的个性设计需求成为越来越多品牌关注的焦点。❶如今，越来越多的品牌开始设计有着独特风格的成衣和品牌文化，目的就是让自己的服装与众不同，能够在服装市场脱颖而出。因此，很多品牌开始将设计方向转向传统民族服饰，结合消费者追求时尚的心理，完美地

---

❶　周梦. 少数民族传统服饰文化与时尚服装设计 [M]. 石家庄：河北美术出版社，2009：120.

将民族服饰的各种元素融入自己的服装设计中（图 5-57）。故而，这也成了成衣设计师现在面临的一个重要课题。

图 5-57　民族风格的成衣

（二）民族服饰语言的时尚化运用 —— 定制服装

定制服装是指为某个人或某个集体设计和制作的服装。为个人设计并制作礼服、演出服，都需要量体裁衣，每一个细节部分都要做到精致准确，风格以及需要添加的各种元素、面料要求等也都需要根据个人爱好而定，所以这种定制服装消耗的时间成本、价格成本都是比较高的。为一个集体设计并制作服装相对比为个人制作的成本低一些，这种定制主要强调的是服装的设计风格，因为集体的定制服装主要是在特定的场合运用，不需要强调精致，能体现出集体特色即可。这类定制服装包括狂欢节服装、小型乐队服装、仪仗队队服、公司或企业的职业服装等。

民族服饰语言在定制服装中的时尚化运用常见于个人的定制服装或者某些表演场合需要的集体定制服装（图 5-58）。除此之外，也可能会在一些与民族有关的公司或企业中看到带有民族风格的职业定制服装。民族服饰语言在定制服装中的时尚化运用要求强调民族特色的体现，因此它是增加了民族服饰元素的服装种类中最具民族特色的服装。

图 5-58　民族风格的儿童表演定制服装

二、民族服饰语言的时尚化运用方法

民族传统服饰文化是民族传统服饰外在元素的精髓所在，对民族传统服饰文化的保护与开发，具有重要的理论意义与现实意义。它们对于现代时尚服装的设计和高级定制服装设计有重要的借鉴作用，同时也能够为打造民族特色服装品牌、构架民族特色服装产业提供现实指导。因此，民族服饰语言的时尚化运用就是民族服饰文化的一种传承和发展之道，其途径包括解构与重组、局部应用、简洁化与改变视觉效果。

（一）解构与重组

民族服饰语言包含着民族服饰文化和民族服饰各种外在元素，如图案纹样、色彩、面料等。民族服饰语言在进行时尚化运用时就需要对这些内容进行解构和重组，如对民族服饰文化进行解构与重组，就是服装设计不再遵循或者说考虑传统的文化意蕴，而是大胆采用各种有象征意义的民族服饰元素，将其融入自己的服饰设计中，展现出不一样的风格特色，给人们带去视觉上的冲击和震撼（图5-59）。但是需要注意的是，它同时也是对深厚的民族文化的表层解读，容易产生不好的服饰风格。再如，对民族服饰的色彩进行解构与重组，就是服装设计采用鲜艳亮丽的、神秘迷人的东方色彩，而不是常见的比较含蓄、保守的白色、黑色、咖啡色等色彩。

图 5-59 民族服饰语言的解构与重组

（二）局部应用

许多少数民族传统服饰对图案与纹样的使用，都是大面积的，甚至是全面积的，这种使用方式无疑能够达到一定的效果，但这种"满"和"全"的布局方式，显然不太适合现代的时尚服饰设计与表达。随着现代工业的快速发展，简洁、明朗的装饰理念逐渐代替了以前繁琐复杂的装饰理念。因此，为了满足这种现代审美的需求，服装设计师在采用民族服饰元素时，一般会用局部应用的方式来让服装有"留白"效果。❶未来主义风格的营造就常常需要借助这样的效果，简洁的构成形式和直接的穿着层次，虽有装饰效果的添加，但充满理性，丰富而不繁琐，简洁而不单调（图5-60）。

图 5-60　民族服饰语言的局部应用

我们对民族传统服饰元素的借鉴就是要借其精华，以围绕现代服饰的设计运用而展开，要满足现代审美需求，迎合现代时尚潮流，这样的借鉴运用才会更有意义。民族服饰语言在进行时尚化应用时，既要体现和发挥民族装饰的效果，也要考虑现代装饰审美要求，将两者充分结合。因此，在现代服饰中局部应用民族服饰元素的中和方法是民族服饰语言时尚化应用最为普遍的途径。例如，设计师可以结合当季的流行色，将这些古拙艳美的色彩大面积运用或点缀在服饰的局部上，使服装既有传统的意蕴，也有时尚的感觉。

（三）简洁化

民族传统服饰的发展有着它特定的时代背景与社会经济文化条件，在这样的背景和条件下，妇女花费几个月或者几年的时间制作一件衣服都是再正常不过的事情，因此很多图案与纹样都是非常繁复与精致的，其中很多都能产生外向而直观的视觉冲击。时尚服饰一般都较为简洁，更注重含蓄与内敛的韵味。因此，将

---

❶ 曾婉琳. 回归的借鉴：云南少数民族传统服饰元素在现代服饰设计中的运用 [M]. 昆明：云南大学出版社，2015：93.

少数民族传统服饰中的图案与纹样进行一定的简化、给予其适当的修饰，也是时尚化设计的一种途径。

现今，我们生活在一个高速发展的时代，现代都市生活缤纷多彩；另外，人们在追求个人价值实现时，生活压力也每日剧增，从而产生了一切从简的愿望。所以在进行服饰设计时，即便要增添一些民族服饰的元素进去，也可以对这些元素进行抽象和简化，从而让服装整体变得简洁，给人以宁静、自然、简朴、高雅的视觉感受。

民族服饰语言通过简洁化民族服装元素的途径来实现其在现代服饰中的时尚化运用，其主要目的是针对所提炼的民族元素太过繁复，或元素的内容与形式无法被全部运用到现代服饰中，或无法直接表达中心效果时，运用简洁化的方法处理这些元素。从某种角度来看，这是对元素进行有重点的处理方法，保留需要内容与形式，删除不必要的部分。首先，设计师要非常清晰地了解所借鉴运用的元素，从其结构特点、色彩搭配形式、材质肌理效果等各方面来进行全面认识，然后根据现代服饰需求与元素特性删除多余部分，重点凸出某结构内容，以此为现代服饰所用。简洁化这种方法需要设计师在对民族服饰语言进行时尚化设计时，考虑自己所参考的民族元素的主次关系，将重点元素的内容和形式筛选出来，最终建立按现代服饰设计需求而进行选择的设计思路。

简洁化服装不仅是民族服饰语言的时尚化运用途径，也是现代服饰前卫设计的一种要求。在现代服饰中，"少"即表现为简，服饰设计也会把一些具体物象进行变形提炼，抽象成服装的造型元素或是局部的某种装饰元素，让服装在简洁的同时不失去其精致的设计感（图5-61）。

图5-61　民族服饰语言的简洁化应用

（四）改变视觉效果

民族服饰语言的时尚化运用还可以通过改变视觉效果的途径来实现。改变视觉效果的手段有很多，如将色彩绚烂的图案用黑、白、灰色系来处理，再如将细密小巧的纹样局部放大，用二方连续、四方连续的形式将一些单一的图案复制与排列。这些方法都能达到改变视觉的效果，而且有时候在用这些方法时也会产生一些意想不到的反差效果，如土家族织锦纹样多达200余种，且形式丰满，通常在服饰中除了中心图案，其余皆是它的造型，所以在运用到现代服饰中时，可以考虑将其纹样面积缩小，放在服装适当的位置，改变其视觉效果。

改变视觉效果的手段除了缩小，自然也包括放大。放大主要是对民族服饰中的元素进行面积或体积的放大，这样的做法产生的效果是能够瞬间吸引到人们的关注，当然这种放大的手法也并不完全是单纯的面积放大和体积放大，服饰内容上也会更加充实。通过放大来改变视觉效果主要是为了加强人们对服饰元素的关注，增加服饰的装饰注目性，这为服饰的前卫风格或超现实未来主义风格的营造提供了很好的诠释（图5-62）。

图 5-62　民族服饰语言的改变视觉效果运用

三、民族服饰语言时尚化运用的程序

民族服饰语言的时尚化运用是一个可操作、可实现的完整过程，而且有一套循序渐进的完整程序，这一点与服装设计的程序有相通之处，即都是将各种创意构思用不同的塑造方法或某些具体可视的形式表现出来的过程。

款式、色彩、材料是服装设计的三个主要因素，将这三个方面糅进民族服饰的语言能使服装设计更加多样化、时尚化，体现出回归自然、回归本色，保持与社会走向、自然环境的和谐与统一。在设计程序上，可以按一般思路先设计款式，再进行色彩和材料的考虑，或因某组色彩、某种面料激发设计灵感，再根据面料和色彩进行款式设计。总之，可根据个人的习惯和条件来决定。在民族服饰语言时尚化运用的设计程序中，这些因素也是非常重要的部分，是服装设计的基本要求。根据这些相通之处，可以结合服装设计的程序，分析民族服饰语言时尚化运用的程序。

（一）民族风与时尚风结合的设计定位

民族服饰语言的时尚化运用与服饰设计一样，不仅要满足个人的需要，也要兼顾社会的、经济的、技术的、审美的等需要，所以在进行设计运用之前，一定要收集各方面的资料，了解服装市场，从而对其进行设计定位。

设计是有目的性的，设计任务可能来自服装公司、各种服装大赛、为个人定制服装、为文艺演出或节日游行人员定制服装、为工厂企业或服务行业设计职业服装等。接到设计任务后，首先应知道该设计的要求，包括种类、风格、面料、价格、时间等，设计者要根据要求进行构思。民族服饰语言的时尚化运用同样需要这样的过程，但也有不同之处。民族服饰语言时尚化运用的设计定位在一定程度上已经决定了其设计的大致方向——民族风格与时尚风格的结合，所以它的设计定位更多需要考虑的是设计要求，以及对民族服饰相关资料的搜集和研究，根据这两点进行最终的定位与设计。

（二）民族服饰的资料搜集和考察报告

民族服饰语言的时尚化运用这一课题，一般来说，从实地采风或从网络、图书收集信息，到考察报告的写作、调研手册的制作、借鉴民族服饰语言的设计、材料的选择共需经历五个阶段的实践。定位确定后，就需要展开对民族服饰的资料收集了，最终还需要撰写考察报告，便于后续设计的参考。

设计是一门创造性的劳动，时尚速度变化很快，设计师要不断地寻找新的灵感。即使是考察、调研，也都是具有一定创造性的研究工作，只有保持对各种事物的新鲜感，才会有激发创造性思维灵感的可能性。对民族服饰的相关资料进行搜集，主要有网络、书籍、博物馆和实地考察四种途径，对于设计师而言，最好的方法就是去实地考察，这样对民族服饰的感受力会更强烈一些，容易迸发灵感，但这一方法也有缺点，就是所耗费的成本会更高一些。不管用哪种方法，只要对民族服饰的相关资料了解得越多，就会越清楚民族服饰哪些方面的内容和形式对自己有吸引力，更适合自己的服装设计。

1.民族服饰的资料来源

（1）网络

网络是比较便捷的获取民族服饰资料的途径，设计师能从网上同时获取图片和文字资料，而且这些资料便于下载和保存，在设计时可以随时随地进行参考。

它的不足之处则在于，不能感受到服饰材料的质地、一些精致的细节和服装结构上的独特之处。

（2）书籍

关于民族服饰的书籍在图书馆也有不少，有专门介绍民族服饰的图片资料，有关于民族服饰文化研究的文字与图片结合的书籍，有些研究性书籍还包括一些民族服装结构图，有关民族服饰图案收集方面的书也很多。从这些书籍资料中也可以获取丰富的民族服饰资料，但是用这种方式获得资料的不足之处与上网一样，不能直观感受到服装材质、服装结构和服装细节。

（3）博物馆

一些博物馆也有关于民族服饰的资料，这些大多是各民族服饰藏品，还有一些民族文化研究、民族服饰照片集、民族服饰图案集等相关图书资料。民族的生态环境、生产方式，节日、宗教仪式、联欢会、婚礼等场景的照片，传统的纺织机械、饰品制作工具等也有实物展出。从博物馆获取资料相较于前两种方法更能加深民族服饰在心中的印象和感觉，对于民族服饰语言的时尚化运用能促使设计师产生更多新颖的想法。

（4）实地考察

到民族地区进行实地考察，对民族服饰一定会有更加深入的了解，无论是民族服饰的文化，还是民族服饰的各种装饰元素，都会有更为清晰的认知，而且还可以看到民族服饰的制作过程，如刺绣、印染、做银饰等。去实地考察，可以带上相机和笔记本，随时记录吸引自己的东西和一些灵感。

无论用哪种方式进行考察，重要的是记下能触动灵感的种种细节，并要有意识地去发现素材。

2.撰写考察报告

根据所搜集的资料，撰写一份民族服饰的考察报考，需要包括民族服饰文化和民族服饰样式两方面内容。这份考察报告将成为设计师进行设计的重要灵感来源和参考对象。

对民族服饰文化和民族服饰样式的撰写，实际就是梳理自己对民族服饰的认知，只有真正深入去了解了民族服饰的相关知识，设计师才能设计出具有民族意蕴的服饰，而不是肤浅的、没有灵魂的服饰。在这份报告的撰写过程中要注意逻辑正确、层次清晰、语言流畅、重点突出，要完整、清楚地表达调研结果。一份完美的报告，应该做到图文结合。在收集的各式民族服饰的草图或照片中，找出与调研报告内容相符合的图，整理出来插在文字里面，组合成一份完整的调研报告。如果对某些细节或结构感兴趣的话，最好用线描的形式表达，以便展示其细微之处。

（三）民族服饰语言时尚化运用的构思

在经过前面两道程序之后，设计师就可以对民族服饰语言的时尚化运用进行构思了，到这一步，才是设计真正开始的阶段。在构思这道程序中，需要设计师进行全方位的综合思考，如对服装造型款式、色彩搭配、面料选择以及最终的呈现效果等进行思考。

1. 画草稿图

构思是一个不具有确定性和完整性的过程，所以很多想法可以在构思阶段用草稿图的形式随时记录下来，并用文字进行一定的备注，如选择的面料、制作工艺、某个小细节等。不管想法好坏与否，只要出现都是可以记录的，因为突然迸发的灵感都很有可能是有用的。因此，设计师可以在做出多个完整或不完整的构思后，再进行选择，确定一个比较理想的构思，然后再进行下一步的工作（图5-63）。

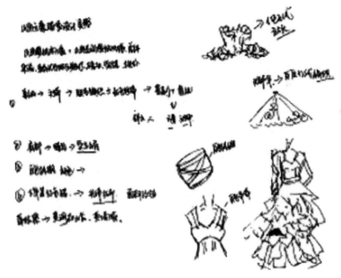

图 5-63　草稿图

2. 材料选择和款式构造

在实际的服饰设计中，颜色、图案，甚至款式造型都不是最先考虑的因素，服饰的材料选择才是最基础和最重要的因素。一般而言，材料选择和款式构造在构思阶段需要同步进行，因为材料对服饰造型的体现有很大的影响。所以对材料性能的了解是一个设计师应该掌握的基本知识。一个设计的成败取决于材料的使用，材料的透气性、保暖性、色彩、图案、厚重、飘逸、华丽、朴素、悬垂、挺拔等因素与服装的实用性和艺术性有密切的关系。首先，面料的软硬度是塑造服装外轮廓的必要条件，要求轮廓分明的服装不会用丝绸或者各种纱料来做，而飘逸的服装也不会用牛仔等中厚型面料来做。其次，面料的舒适、保暖性、透气度与服装的使用季节分不开。当服装的面料和款式造型决定后，就可以构思面料的色彩、图案了，其也要与服装的材料和款式造型相匹配，能够产生一种和谐美，否则容易出现矛盾现象，最终呈现出来的效果也会一塌糊涂。

（四）完整的设计稿

构思程序中的草稿图是最终设计稿的雏形，设计稿是对完整设计过程的一个最终演绎，主要包括效果图、设计说明和款式图几方面。

1. 服装效果图

服装效果图是指用线描、铅笔淡彩、水性笔淡彩、渲染、速写法、剪影法、平涂、拼贴、电脑辅助画效果图、马克笔画效果图等方法将服装在人体上的样子呈现出的效果图，是对服装构思的记录和表达（图5-64、图5-65）。服装效果图应该包括服装的颜色、款式造型、面料质地，同时还应该展现出人穿上后体现出来的个性和艺术感。因此，效果图对服饰和人体比例的准确性要求不高，但一定得体现出真实的穿着效果。需要注意的是，由于材料不同，在绘制效果图时需要用不同的技法来完成。

图5-64　效果图（一）

图 5-65　效果图（二）

2.设计说明

设计说明最主要的是表达出设计师自己的设计理念，并根据不同风格种类和不同要求，服饰设计说明应给出相应的一些必要信息，如年龄定位、穿着时间、场合、风格描述等，其中最核心的信息是设计理念和品牌理念。

3.款式图

完整的设计稿除了包括服装的效果图，还应该包括款式图。款式图与效果图最大的区别就是，它要求服装的比例准确且规范。同时它是线稿图，不能上色，主要描绘服装的造型轮廓、内部构造，以及一些细节零部件。款式图的绘画是非常重要的，决定着最后的服装打板，因此也不能对款式图进行艺术渲染。为了方便最终的服装打板，服装设计的表达一般既要画效果图，又要附上款式图，好让服装结构设计师清楚地了解样式，以便打板、制作工艺的顺利进行。

第六章
现代服装创意设计典型案例分析

在世界服装发展演变的历史长河中，有着众多举世闻名的服装设计大师，他们经典的服装设计风格与作品给世人留下了极为深刻的印象，同时也引领着当下时尚潮流的发展趋向。

本章将先介绍一些具有代表性的现代服装设计大师，并对他们的服装设计作品的创意设计加以分析，再列举部分现代服装设计师的创意设计作品进行探讨，希望能加深读者对现代服装创意设计的了解。

第一节　服装设计大师创意设计作品

一、国际设计大师作品

（一）薇薇安·韦斯特伍德作品

出生于 1941 年的英国时装设计师薇薇安·韦斯特伍德（Vivienne Westwood），被誉为时装界的"朋克之母"。她出身于一个来自北英格兰的工人家庭，曾是朋克运动的显赫人物，她的成就始于她的第二任丈夫马尔姆·麦克拉伦——英国著名摇滚乐队"性手枪（Sex Pistols）"的组建者和经纪人的启发与指点。由于有着相同的爱好与追求，薇薇安与马尔姆使摇滚具有了典型的外表，如撕裂、挖洞 T 恤、拉链等，这些朋克风格元素一直影响至今。

薇薇安十分擅长从传统服装中汲取灵感、寻找素材，并融入自己的设计想法，从而转化为具有现代风格的设计作品。

例如，她时常提取 17 ～ 18 世纪传统服饰中的经典代表元素，并融入自己的设计理念进行二次设计，最后以全新、独特的视觉手法将街头流行元素完美融入时尚领域，呈现出别具一格的时尚趣味。除此之外，她还尝试将西方紧身束腰胸衣、厚底高跟鞋、经典的苏格兰格纹等元素进行重组，使其再度成为经典的时髦流行单品。

皇冠、星球、骷髅等元素也是薇薇安常用的经典元素，这些元素往往以绚丽的色彩被运用在胸针、手链、项链等配饰设计上，同时融入了些许时尚趣味。在众多服装设计大师中，薇薇安的设计构思是较为荒诞、充满戏谑的，但同时也是最具有独创性的。

20 世纪 70 年代末，薇薇安开始尝试在设计中使用不同的面料材质来彰显服装的魅力，如使用皮革、橡胶等材质来表现怪诞风格的服装，并配以造型夸张的陀螺形裤装、毡礼帽等戏谑怪诞的服装廓形与配饰。在 20 世纪 80 年代初期，薇薇安开创了大胆的"内衣外穿"式穿衣风格，她将女性传统的私密胸衣穿在外衣上，在裙裤外加穿女式内衬裙、裤，并将衣袖进行不对称设计，同时运用不协调的色彩组合及粗糙的缝纫线等进行怪诞设计，她甚至扬言要把"一切在家中的秘密"公之于世来颠覆时尚准则。

薇薇安的种种疯狂设想成为时尚界一道亮丽的风景线。面对来自社会的褒贬不一的评价，薇薇安开始脱离强烈的社会意识与政治批判，转而逐渐开始重视剪裁及面料材质的选择与运用，她设计了许多不同风格混搭的服装款式，如波浪裙、荷叶滚边、皮带盘扣、海盗帽、长筒靴等，备受国际时尚界的瞩目，这些不规则的剪裁方式，不同材质、花色的对比，无厘头的穿搭方式等已成为其独特的品牌风格。

薇薇安独特的设计方式彰显了年轻一代的热情大胆和叛逆个性，博得了西方青年的喝彩（图 6-1）。

图6-1 薇薇安服装设计作品

薇薇安的设计形成了一种独特的英国风格，使敏锐的洞察传统与大胆的突破陈规结合到了一起。这种风格常常被模仿，并且往往领先于她所处的时代。从早期的那些反叛服饰到现在这些华丽的、深具学院气息的时装，薇薇安有着无以反驳的信念："在我的设计当中，我真正信赖的唯一的东西，就是文化。"❶ 图6-2 和图6-3 是薇薇安·韦斯特伍德的经典设计作品。

图6-2 薇薇安的苏格兰斜纹粗花呢

图6-3 薇薇安的朋克风格

❶ 余强. 服装设计概论 [M]. 北京：中国纺织出版社，2016：123.

197

（二）亚历山大·麦昆作品

1969 年 3 月 17 日，被誉为"英国时尚教父"的服装设计师亚历山大·麦昆出生于英国伦敦的一个平凡家庭。从小就怀揣着服装设计梦想的麦昆考入了英国圣马丁艺术设计学院主修服装设计专业，并荣获艺术系硕士学位。大学毕业后，勤奋好学的他相继在英国、日本、意大利等国家的服装公司实习工作。在一次国际时装展中，麦昆的作品被 *VOGUE* 著名时装记者采访报道，并由此开始名声大噪，走上了国际时尚舞台。1996 年，麦昆开始为法国著名时装品牌纪梵希（GIVENCHY）设计室设计成衣系列。次年，麦昆取代约翰·加利亚诺（John Galliano）成为纪梵希品牌的首席设计师，并在巴黎时装周上获得一致好评。在时尚界崭露头角的麦昆开始进军影视圈，为明星们设计服装。1998 年，麦昆为当红一线女星凯特·温丝莱特（Kate Winslet）设计了她出席奥斯卡颁奖晚会的礼服，令众人为之惊艳。在之后的数十年中，麦昆极具艺术创造力的设计为时尚界带来了一次又一次的惊喜。然而，令人惋惜的是，2010 年 2 月 11 日，麦昆在伦敦家中自缢身亡，结束了自己的生命。

麦昆最著名的代表作品是骷髅丝巾（图 6-4）、骷髅衫（图 6-5），也是颇受消费者喜爱的单品。众多好莱坞女星、超级名模等社会名流几乎人手一条骷髅丝巾，风靡全球。在麦昆的设计作品中，常常可以看到由骷髅元素演变出的各种变化风格，这一代表性元素早已成为时尚的经典。另外，麦昆设计的骷髅头元素戒指、项链、手镯、雨伞等配饰也风靡到了极点，受到了全球消费者的青睐。

图 6-4　麦昆设计的骷髅丝巾　　图 6-5　麦昆设计的骷髅衫

在麦昆的系列作品中，充满个性、独特的设计理念一度成为时装报道的头条新闻。例如，外形酷似"龙虾爪"或"驴蹄"的"摩天高跟鞋"（图 6-6）。这些造型独特的高跟鞋采用了多种装饰材料，如钢铁、皮革等特殊材料，被高跟鞋的酷爱者们誉为旷世奇作，如受到了流行天后 Lady Gaga 的高度青睐，但同时也因为其高度超出了正常范围而遭到一些名模的抗议。麦昆大胆创新的设计很快便令其品牌与薇薇安·韦斯特伍德相提并论，成为英国年轻人热衷追捧的对象。

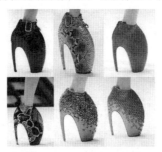

图 6-6　麦昆设计的"驴蹄鞋"

（三）伊夫·圣·罗兰作品

20 世纪 60 年代末，西方女权主义开始逐渐苏醒，著名服装设计大师伊夫·圣·罗兰（Yves Saint Laurent）也开始崭露头角。1966 年，圣·罗兰设计推出了第一套女版西装，并由此开始备受时尚界关注。在圣·罗兰的设计中，白衬衫、领结、黑色套装、毛呢礼帽等男装元素是其钟爱的设计元素，他常常将这些元素运用到女装设计之中。虽然他没有像乔治·阿玛尼一样，用一块垫肩结束了男权社会对女性在职场上的无形屏障，但是这些利落、干脆的女士西装却备受大众的喜爱。

"吸烟装"是圣·罗兰最具代表性的设计作品之一（图 6-7），在 2002 年的告别时装展上，他向世人重新展示了"吸烟装"数十年来的时尚发展历程。最初，圣·罗兰只是融入了男装款式中的领结、白衬衫等元素，后来他又尝试将线条进行收紧，彰显一种利落而干脆的设计。圣·罗兰力求凸显女性特质，如利用腰部收紧的设计体现婀娜多姿的腰线，或是运用夸张肩部的倒三角设计，展现专属女性的纤细身躯。

图 6-7　圣·罗兰设计的"吸烟装"

　　凭借着独到的见解与设计理念，圣·罗兰使"吸烟装"成为不可超越的经典之作。现如今，"吸烟装"作为当代独立女性的代表之作已广受追捧，也为当代服装设计师提供了设计灵感的源泉。圣·罗兰在经营时装屋 40 年后，于 2002 年退休。他的告别辞说道："我现在沉浸在巨大的悲痛中。我们正在终结一个历时40 年的爱情故事。"❶

　　圣·罗兰的经典服装设计案例见图 6-8 至图 6-10。

图 6-8　圣·罗兰的羊毛呢短大衣 1962（左）和狩猎装 1968（右）

图 6-9　圣·罗兰裤装 1968

图 6-10　圣·罗兰罗马衫（左）和蒙德里安裙（右）

❶ 邦尼·英格利希. 改变时尚的时尚设计师 [M]. 黄慧，译. 杭州：浙江摄影出版社，2018：41.

（四）山本耀司作品

山本耀司于 1943 年出生于日本横滨，是世界时装日本浪潮的设计师和掌门人。他以简洁而富有韵味、线条流畅、反时尚的设计风格而著称，主要擅长男装设计。作为一位低调、沉稳的服装设计大师，山本耀司一直在透过服装表达内心的想法。他认为服装设计是一种无国界、无民族差别的设计手法，只有通过自己内心的诠释才可将其展现在公众面前。在消费者心中，亚洲人或许更能体会山本耀司的设计理念与内心世界。20 世纪 80 年代初，亚洲设计师在巴黎时尚界开始崭露头角，其中山本耀司作为日本先锋派的代表人物之一，与三宅一生、川久保玲一起将西方建筑风格与日本传统服饰结合起来，并赋予服装新的内涵与意义。他们力求通过自身的设计理念使服装与着装者相融合，打造一种全新的设计盛宴。

山本耀司不喜欢墨守成规、一成不变的设计，因此在他的设计中很难去分辨性别，他时常将男装元素融入女装设计之中，以此来模糊性别界限。例如，他喜欢运用夸张的比例结构去掩盖女性的纤细体态，并以此来表现雌雄同体的美学概念（图 6-11）。细致整齐的剪裁、洗水布料、低调内敛的黑色都是山本耀司擅长运用的风格元素。

图 6-11　山本耀司的设计作品

山本耀司非常热爱日本传统历史文化，因此他常常从日本传统服饰中汲取设计灵感，如以和服为参考源，借以层叠、悬垂、包缠等手段，形成一种不固定式的着装概念，并以此来传达时尚设计理念。不对称的领型、下摆等款式元素是山本耀司设计中常见的细节表达，它们会在被穿着后跟随体态动作而呈现出不同的变化。山本耀司摒弃了西方体现女性优美曲线的传统紧身衣裙，而是选择在人体模型上进行自上而下的立体裁剪，并从两维的直线出发，形成一种非对称式的外观造型，这种别致的设计理念也是日本传统服饰文化中的精髓所在。在山本耀司的设计运用下，这些不规则的形式显得十分自然、流畅。这种大胆彰显日本传统服饰文化精髓并与西方主流时尚背道而驰的新着装理念，不仅使山木耀司在时装界站稳了脚跟，而且对西方众多设计师也产生了巨大的冲击与影响。

（五）三宅一生作品

日本著名服装设计大师三宅一生凭借极致的裁剪与工艺创新而闻名于世。

自孩童时期起，三宅一生就喜爱日本传统的民族观念、生活习俗与传统价值观，并一直坚持以无结构的模式进行设计，透过深度逆向思维而进行创意设计。打散、揉碎、重组等形式构造是三宅一生常用的设计手法，这种基于传统东方制衣技术的新型模式兼具了宽广、自在的精神内涵，反映了日本式的自然科学与人生哲学。

曾被人称作"最伟大的服装创造家"的三宅一生对于服装的创新有着独到的想法，他的作品时常看似无形，却疏而不散，并能准确地体现东方文化的神秘感。在西方国家，人们一向只强调视觉之美，强调胸、腰、臀的夸张线条，而忽略了服装最基本的功能性。三宅一生则主张冲破西方设计思想的束缚，重新寻找时装生命力的源头，并从东方服饰文化与哲学中分解出全新的设计概念，如服装内在美与外在美的和谐统一等。在三宅一生的设计理念中，时常可以看到打破常规、自在飘逸、尊重穿着者舒适感的新型服装，他对于服装的创意表达已远远超出了时装的界限（图6-12）。

图6-12 三宅一生的服装设计作品

在服装造型设计上，三宅一生开创了服装设计上前所未有的解构主义设计风格。通过借鉴东方制衣技术以及包裹、缠绕的立体裁剪技术，在结构上进行创意设计，令观者为之惊叹。在服装面料的运用上，三宅一生放弃选用高级时装及成衣一贯使用的传统面料，而是将其与现代科技相结合，选择采用各种不同风格材质的面料，如宣纸、白棉布、针织棉布、亚麻等创造出各种不同的肌理效果，如褶皱就是其品牌的代表性面料。这位被称作"面料魔术师"的设计大师对于面料的要求近乎苛刻，对他来说，每次使用多种面料进行再造设计就像一次精彩的冒险旅程，只有通过不断的探索与试验，最终才可达到自己心中理想的设计效果。在色彩表达方面，三宅一生所运用的色调总是流露出浓郁的东方人文情怀，且常通过色块拼接等设计手法来改变服装造型的整体效果。一方面，提升了穿着者的个人风格品位；另一方面，他的设计也显得更加富有韵味且与众不同。

（六）高田贤三作品

日本服装设计大师高田贤三于 1939 年出生于日本兵库县姬路市，在他的作品中，人们可以感受到不同于其他品牌的热情与狂野，他所设计的服装总是充满时尚趣味且令人印象深刻。对于高田贤三来说，服装必须具有较高的实用功能，因此，在他每一季新品发布会中几乎每一款都能找到与之对应的穿着场合。青年时期的高田贤三为了追求自己的设计梦想，不远万里前往巴黎开启了他的设计师生涯。对他而言，服装设计工作是一项无国界的设计工作，尽管他所设计的服务对象由东方人转换为了西方人，但丝毫不影响其设计灵感的迸发与呈现，他将东西方两种截然不同的文化内涵与自身情感交织在一起，并由此碰撞出全新的火花。

在高田贤三前往巴黎开创事业之初，他就已经形成了自己的设计风格。例如，将巴黎作为设计主体并融入东方设计元素，这在当时的巴黎时尚圈是较为少见的。

这位被称作"色彩魔术师"的设计大师还通过将服装的袖口加宽、改变肩膀的形状并使用全棉织物来体现服装的面料质感、用色彩绚丽的图案印花元素来诠释独特的设计理念。高田贤三曾说过："我的衣服是来表达一种关乎自由的精神，而这种精神，用衣服来说就是简单、愉快和轻巧。"作为第一位采用传统和服式直身剪裁技巧的时装大师，虽然他摒弃了传统的硬挺面料，但继承保留了服装挺直外形的造型轮廓。在高田贤三的作品中，随处可见有关大自然的主题素材，如植物花卉、野生动物、水波纹等。他认为服装色彩是服装整体造型中最为重要的一部分，因此力求通过每一种色彩来诠释服装独特的时尚韵味。其中，高田贤三非常热衷于运用具有神秘东方气息的传统色彩，如酒红、亮紫、藏青等都是他经常使用的颜色。在高田贤三的系列代表作中，"快乐花朵"是一个较为典型的图案，其中包括大自然花卉、中国唐装传统纹样与日本和服传统纹样等，高田贤三还使用上千种染色及组合方式，包括用历史悠久的蜡染工艺手法来表现花的美感，因此他所设计出的面料总是呈现出绚烂欢快的视觉感（图 6-13）。

图 6-13　高田贤三设计的服装作品

此外，趣味性表达也是高田贤三服装作品中的另一大特色，他主张在生活中发掘艺术，希望透过服装呈现出一种幽默欢快的设计感。高田贤三认为在现代生活中，人们的生活节奏快且压力较大，应当适当地放松、调整，冲破都市水泥楼群的束缚，回归简单质朴的大自然。因此，他在设计时常常追求一种"自然简约、流畅自如"的设计理念，主张释放身心，赢得服装对身体的尊重。高田贤三的设计灵感如一段难忘的环球旅行，从南美印第安人、蒙古公主、中国传统图案到土耳其宫女、西班牙骑士等，这一路承载了世界各地绚烂的民族文化与艺术瑰宝。

（七）川久保玲作品

20 世纪 40 年代，日本服装设计大师川久保玲出生于日本东京的一个中产阶级家庭。1973 年，年过 30 的川久保玲在东京创立了自己的设计公司并开始向时尚界传递一种新型的服饰理念。被时尚界誉为"另类设计师"的川久保玲主张独立、自我，擅长在十分前卫的设计风格中融合东西方文化概念，如将日本低调沉稳的传统服装结构进行不对称重叠式的创意剪裁，配合干练、利落的线条与沉郁内敛的色调，呈现出新型设计意识形态的美感。川久保玲不仅是时尚界真实的创造者，也是一位具有原创观念的服装设计师。

20 世纪 80 年代初，川久保玲以不对称、曲面状的前卫服饰风格闻名于时尚界，她通过一场具有时尚革命意义的时装发布会使原来仅限于晨礼服和燕尾服的黑色成为流行，并受到众多时尚人士的追捧与喜爱。自那时起，川久保玲就开始为服装设计而勇敢奋斗并不断设计出前所未有的新型服装式样，引领了一股时尚潮流。令人惊诧的是，在当时那个风靡出国求学的年代中，川久保玲却未曾前往国外求学深造，她也是一位未曾主修过服装设计课程的特殊设计师。她既没有经过正统的设计，也没有训练遵循传统的设计规则，但川久保玲的设计绝不仅仅体现于日本的传统民族文化，她的设计理念已经远远超越了当时堪称引领潮流的美、英等发达国家。虽然她的服装作品看似古怪、奇特，但是蕴含着十分深刻的内在思想，引人深思。这位充满传奇色彩的服装设计大师至今仍引领着年轻一代去寻求潮流的真谛与内心的本真（图6-14）。

图6-14　川久保玲服装设计作品

一身黑色的服装，不对称的黑色齐肩短发是川久保玲的标志性装扮。她认为黑色是一种微妙的意象中的颜色，并不是一种真实存在，使用黑色表明了她拒绝衣服仅仅为装饰身体而存在。即使在后来，她的衣服中加入了许多饱和色，黑色仍然是一个基本色。❶ 然而，由于川久保玲对黑色的极度热衷与推崇使得人们对这位前卫的设计师产生了负面评价，甚至被媒体批评报道，有人认为她的设计作品过于肃穆、悲凉，缺乏积极的正能量。但是，这些负面说辞从未影响到川久保玲对于时尚的追求，她也未曾因他人的评价而更改自己的设计风格，多年以来，川久保玲一直坚持着心中的设计梦想，为时尚而努力奋斗着。

（八）侯赛因·卡拉扬作品

侯赛因·卡拉扬（Hussein Chalayan）兼具土耳其和塞浦路斯血统，他在很小的时候就离开家乡到英国生活。卡拉扬1993年毕业于享誉盛名的英国圣马丁艺术学院，在学校读书的时候，他就以探索创意性、概念性、实验性服装设计而闻名。如今，他别有新意地运用材料，对新技术与社会热评的进步态度，都早已被大家所熟知。由于一直处于当代时尚设计的前沿，他的创作也备受赞赏。

他始终坚持着自己一贯的设计风格，一如既往地做着自己的实验，创作了一系列以哲学、宗教、神话为灵感的设计，并将设计理念延伸到雕塑、家具、建筑

---

❶ 李智瑛. 百年服饰设计 [M]. 北京：中国纺织出版社，2017：192.

或科技的领域。他进行过许多创造性试验，比如把衣服和着金属埋葬在花园里，看看他们与泥土结合、变化、腐烂后的样子；他把吸铁石缝在衣服上，并在 T 台上洒满铁屑，看模特儿走过 T 台，铁屑被吸引到衣服上的过程；还有名为"航空邮件"的红蓝镶边白外套，短裙折叠后确实能够装进信封里；以及他的实验性作品——房间里的椅子被折叠起来放在衣箱里，椅子套以及一圈一圈的木头制成的咖啡桌被制成了裙子穿在模特身上；还有那些穿在模特身上却被气球吊起来的成衣；安装有自动控制装置的衣服。他简洁的直线条设计风格，将方形、三角形、圆形、气泡、光亮材质、机械、能量转换、视听世界、解构与组合等抽象形式和元素以严谨的服装形式展现出来。

在卡拉扬的设计中，总能看到他非凡的创意、理性的思索，以及严谨的艺术。他为我们营造了一个新奇的、令人震惊的、充满幻想的未来世界，让人难以忘怀（图 6-15）。

图 6-15　卡拉扬的服装设计作品

（九）卡尔·拉格斐作品

卡尔·拉格斐（Karl Lagerfeld），1938 年出生于德国汉堡一富商家庭，14 岁时全家移居巴黎，16 岁初出茅庐便获得国际羊毛局设计竞赛外衣组冠军，并由此开始时装艺术生涯。

拉格斐最早在芬迪旗下做设计师，在那里展露出天才设计师的头角。1983 年受邀担任巴黎著名的香奈儿公司首席设计师，完美地给这个传统经典品牌注入了时代气息。1984 年他又建立了自己的品牌卡尔·拉格斐，在自己的品牌中使设计个性得以淋漓尽致地体现：合身、窄肩、窄袖、顺裁，使穿着者显得修长有形。卡尔·拉格斐品牌裁制精良，既优雅又别致，他把古典风范与街头情趣结合起来，形成了诸多创新。他曾同时为三个品牌做设计，这在时尚界绝无仅有。

　　他醉心于时装、装潢、哲学等各个领域，或许正是这种多元的知识结构的组合，才使他的时装设计具有深层次的内涵，并总能走在时代的前面，具有源源不断的新创意，从而在每一季都能推出精彩绝伦的新作。他的蔻依（Chloe）女装抒情浪漫，洋溢着南欧地中海风情，紧贴着肌肤的裁剪，模特儿的弯曲发型复古加漂染，被观察家誉为90年代成熟女性的着装典范。暴露的透明紧身衣、胸罩、腹带，下摆剪口的鲜明上装，加上模特的塔形假发，厚底面包鞋，风格大胆硬朗。他既有德国人的严谨，又有法国人的浪漫，很难将他的设计归于哪种风格，他的作品极具个性，并始终凌驾于时尚之上（图6-16）。

图6-16　拉格斐的服装设计作品

（十）克利斯汀·拉克鲁瓦作品

　　克利斯汀·拉克鲁瓦（Christian Lacroix），1951年出生于法国南部边城。1972年，21岁的他到巴黎一边学艺术史，一边学服装设计。毕业后进入博物馆工作，偶然经朋友介绍，开始从事饰品设计工作，从此走上设计师道路。

　　欣赏克利斯汀·拉克鲁瓦的作品如同欣赏一场假面舞会。他的作品华贵典雅、千娇百媚，既有东方女性的神秘莫测，又有伦敦女性的古板怪异，还有法国女性的浪漫随和。他生活在现实和幻想之间，却又无时不在试图以时装的方式描绘心灵深处的梦境。他的设计风格华丽且浪漫，喜欢采用名贵的缎子、雪纺、轻纱，裁剪与工艺极其讲究，绝不怕耗时、费力，充满了法国古典宫廷艺术的精神。他能随心所欲地控制色彩，很少有人能像他那样大胆地采用耀眼的颜色，并且使缤纷的色彩散发出诱人的魅力（图6-17）。

　　拉克鲁瓦将时装与艺术画上等号，并恰当地描述了时装与成衣的区别。他曾说："时装是一种艺术，而成衣才是一种产业；时装是一种文化概念，而成衣是一种商业范畴；时装的意义在于刻画观念和意境，成衣则着重销售利润。然而，时装设计的最高境界在于如何使艺术实用化，使概念具体化。"他还说："人人都会用珍珠、貂皮点缀衣裙，但设计一件外表朴素自然合身又不影响行动的连衣裙却是考验大师的难题。因为既要让公众接受，又要体现鲜明的个性，还要融合科学原理，再加上设计师的构思，展示才能和绝技的细节，谁能把这一切以最简单的形式完成，谁才是真正的天才。"

图 6-17　拉克鲁瓦的服装设计作品

拉克鲁瓦的设计理念与幼时祖母的熏陶以及他对戏剧和文艺的爱好是分不开的。他既能从妇女解放的口号中，悟出女性在服装造型上渴望冲破世俗的道理，又能准确地把握当代女性的审美趋向，这无疑是拉克鲁瓦成功秘诀的精髓。拉克鲁瓦的经典设计见图 6-18 和图 6-19。

图 6-18　拉克鲁瓦的经典套裙

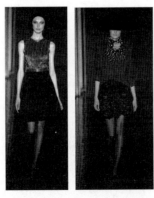

图 6-19 拉克鲁瓦的经典秋装（左）和经典丝绸裙（右）

（十一）让·保罗·高缇耶

让·保罗·高缇耶（Jean Paul Gaultier），1952 年出生于巴黎近郊小镇阿尔克伊。他的祖母是一位定制服装设计师，他从小待在祖母的身边，这开启了他对时尚世界的憧憬。他 18 岁时的素描得到了皮尔·卡丹的注意，从而获得了跟在著名的未来派设计大师身边学习的机会，这也奠定了他日后成为设计师的基础。他的设计常可见到高级定制服装的传统和次文化的结合应用，这很显然跟他年少时代的经历有关。

高缇耶的设计会被用"恐怖"来形容，主要是因为他对混合手法的纯熟运用。20 世纪 90 年代许多设计师奉行这种想法，尝试将各种元素混搭，但大部分只注重外在形式的实践。他却深入探究个别元素的深层意义，以朋克式的激进风格，混合、对立或拆解，再加以重新构筑，并在其中加入许多个人独特的幽默感，有点不正经又充满创意，带着反叛和惊奇不断震撼整个世界（图 6-20）。

图 6-20 高缇耶的服装设计作品

（十二）约翰·加利亚诺作品

约翰·加利亚诺（John Galliano），1960 年出生于西班牙阿里坎特，父亲是英国和意大利的后裔，母亲为西班牙人，6 岁时举家迁居伦敦。1984 年 6 月他毕业于著名的圣马丁艺术学院，在这个培养艺术家的摇篮里，加利亚诺学过绘画和建筑，而最终遵从内心的意愿选择了时装设计，一出校门，他的首批"灵感源自法国大革命"的作品便在布朗时装店的橱窗内展出。1985 年他创立了自己的品牌，1988 年被评选为年度最佳设计师，此后获得多次大奖。1996 年加盟迪奥，如今经营约翰·加利亚诺品牌和担当迪奥首席设计师，游刃于两个定位迥异的品牌，在每季度的时装展示会上，都有惊人新作问世，令人不得不佩服。

加利亚诺总是和"奇才""怪才""鬼才"等字眼联系在一起，他给人的感觉是凌驾于时装之上，游戏、调侃、陶醉并置身其中。他将古典时尚的精华戏剧化地融入现代元素，别有一番风情。在他的时装设计中，人们看到了伊丽莎白时代的高贵质感、西部牛仔的狂放情结、拳坛高手的硬汉形象以及摇滚歌手和皮条客身上的痞子精神，同时还有那么一股浓郁的拉丁风味，有人对他的时装、他的表演如醉如痴，有人则责骂他为"糊弄时尚的怪才"。

总之，这个爱标新立异，或者说哗众取宠的怪才自有一番吸引人的惊人魔力，他的标新立异不仅体现在作品的不规则、多元素、极度视觉化等非主流特色上，更是独立于商业利益驱动的时装界外的一种艺术的回归，是少数几个首先将时装看作艺术，其次才是商业的设计师之一（图 6-21）。

图 6-21　加利亚诺服装设计作品

他制作工艺独到，面料选择大胆，裁剪独特，如翻新斜裁法、螺旋式袖身、解构重组。他把迪奥推上了时尚的最高峰，为迪奥高级成衣注入了前所未有的青春和活力，使其华丽精美登峰造极。加利亚诺的经典设计案例见图 6-22 和图 6-23。

图 6-22 加利亚诺的经典拼色礼服（左）和经典丛林风秋装（右）

图 6-23 加利亚诺的经典黑礼服裙（左）和经典晚礼服裙（右）

（十三）克里斯特巴尔·巴伦夏卡作品

克里斯特巴尔·巴伦夏卡（Cristobal Balenciaga）具有非凡的艺术天赋，当时的《妇女时装日报》这样评价他："在一定时期巴伦夏卡统治着时装界，就像毕加索统治着艺术界一样。"巴伦夏卡全身心地研究"简单明了"的实质。他非常注重人体与衣服之间能否保证穿着的舒适，使这种合理的空间无论在行走或穿脱中都方便，他最大的成功就是在服装与人之间、现实与抽象之间给人以和谐的舒适感。

在时装的历史中，没有一个设计师像巴伦夏卡那样，创立了如此之多的"服装标志"，把"女性之肩""袖裆技术""和式翻领""镂空的金属扣"等都融入了他的"巴伦夏卡式"的经典设计中，使我们从他的技术中获得无尽的艺术享受。他设计的外套是极负盛名的，其简洁的剪裁、诱人的面料质感和朴素的色调，代表了一种纯粹和果断的时装大师品格。巴伦夏卡的设计案例见图 6-24 至图 6-26。

图 6-24　巴伦夏卡的四分之一中袖设计（左）和睡袋大衣（右）

图 6-25　巴伦夏卡的灯笼袖设计

图 6-26　巴伦夏卡的晚礼服（左）和袒肩晚礼服（右）

（十四）加布里埃·香奈儿作品

　　加布里埃·香奈儿（Gabrielle Chanel）设计的女装与其说是时髦，不如说是更多地适应于生活。她喜欢沉着的色彩，主要是灰色和米色，当然有时也用对比强烈的色彩。她喜欢简约的样式，摒弃了第一次世界大战前那种复杂烦琐的华美长裙和缀满假珠宝的外罩长袍，而选用高级时装设计家不屑一顾的平纹针织衣料，设计出一套定名为"香奈儿套装"风格的时装。

　　她在当时敢于冲破传统，解除长裙对女性的束缚，塑造出现代职业女性的新形象，这一创举对现代女装的形成起着不可估量的历史作用。她指出了近代女装的设计方向——实用、简练、朴素、活泼而年轻。香奈儿说："我设计的女装，要使妇女们愉快地生活、呼吸，自由、舒适，看起来年轻。"

　　她倡导了百褶裙、三角形围巾，又创造了结实的小玻璃珠项链和人造珍珠项链。此外，她提出应根据不同使用功能来选用不同的材料，在面料上更加考虑肌理的变化。针织材料是她重视的面料，因为它随意合体。其服装艺术的鉴赏趣味和美学思想，得到了公众的赞扬和时代的承认。"香奈儿套装"作为一项革新的设计，至今流行不衰，成为传统的古典式样。香奈儿经典服饰设计见图 6-27 和图 6-28。

图 6-27　香奈儿的经典裙子 1924（左）和经典蛋糕裙 1936（右）

图 6-28　经典套装 1956（左）、红裙 1935（中）、正装裙 1968（右）

（十五）乔治·阿玛尼作品

　　乔治·阿玛尼（Giorgio Armani）是著名的意大利服装设计师，在国际时装界是一个富有魅力的传奇人物。他设计的服装优雅含蓄，大方简洁，做工考究，集中代表了意大利时装的风格（图 6-29）。

图 6-29　阿玛尼设计的女性服装作品

　　阿玛尼是打破阳刚与阴柔的界线，引领女装迈向中性风格的设计师之一。阿玛尼的男女服装风格是简单的套装搭配，完美的中性化剪裁，不论在任何时间、场合，都没有不合宜或过时的问题，来自全球的拥护者更是跨职业、跨年龄（图6-30）。

图 6-30　阿玛尼的男装设计

二、中国设计师作品

（一）吕越作品

　　吕越集大学教授、设计师、艺术家、策展人多种身份于一身，她是中央美术学院时装设计专业的创建人，在服装设计和时装艺术创作上均有造诣。曾获得过多个奖项，多次出任国际时装比赛的评委，多次受邀与国际时装相关机构合作。她的时装艺术作品和时装设计作品在多个展览与活动中展出，并被多家机构和个人收藏。与其说吕越是时装设计师，不如说她是一个艺术家。她常常用具有阴阳属性的现成品创作，以装置作品的面貌呈现，具有鲜明的个人特色。

　　吕越表现出对中国传统思想的浓厚兴趣，如从乾坤阴阳开端对世界条分缕析，阴阳中和促成天人和谐，万物生灵各得其所，吕越在她的作品中秉持这样的精神（图6-31）。

图 6-31 吕越的服装设计作品

（二）郭培作品

我国著名服装设计师郭培早年就读于北京市第二轻工业学校，主修服装设计专业。在校期间，小小年纪的她就表现出了不同凡响的设计天赋。如今，作为我国第一代服装设计师与高级定制服装设计师的她曾为众多社会名流设计定制礼服，如在近年来的春节联欢晚会中，主持人所身着的礼服大多来自郭培的设计工作坊，她也因此被誉为"春晚御用设计师"。在业界人士看来，力求极致完美的她在中国服装业界有着举足轻重的地位。

多年来，郭培对于时尚一直有着自己独到的审美与见解，她的作品常常代表了女性的时尚梦想。作为中国最早开辟定制礼服之路的郭培，也因此成为国内一线女星最早选择的高级定制服装设计师，郭培的服装作品总是令人过目不忘且为之惊叹。在郭培心中，将中国传统设计推向世界是其毕生的设计梦想，她认为若要弘扬中国设计，就必须先学会运用自己的语言去设计，如果一味地借鉴与模仿只会使自己思绪变得越来越混乱。刺绣是郭培在设计中最常运用的一种工艺手法，雍容华贵的凤凰牡丹与玲珑秀美的雕花都精致至极（图6-32）。

图 6-32 郭培的服装设计作品

郭培曾说过："作为一名优秀的服装设计师，首先要学会拿针，而玫瑰坊（郭培的工作坊）的设计师都必须先进入车间学习缝纫。如果连针都没拿过，肯定不清楚怎么做衣服才最舒适。"●

多年来，郭培设计了无数的优秀作品，在她的工作室里有近 200 位绣娘，每天专注于刺绣，她坚持每一件服装都纯手工制作，这种用心的设计态度在业内时常被传颂。对郭培来说，即便一件服装需要手工制作上千个小时才能完成，她也从不吝惜时间，力求完美精致。

五千多年的文明历史发展孕育了优秀的传统文化，也深深积淀了中华民族最深沉的精神追求。自始至终，郭培坚持从中国传统文化中汲取设计灵感，在设计中体现当代中国的时代精神与民族气魄。她的作品中流露着自己对于事业的热爱以及对梦想不懈的追求。对郭培来说，设计已不再是单纯的设计，她将秉承着传递中国传统文化的历史使命，发扬东方审美风范，促进中西方文化交流与艺术融合。

（三）许建树作品

著名华裔设计师许建树，又名劳伦斯·许，曾就读于中央工艺美院（现清华大学美术学院），主修服装设计专业，毕业后前往时尚之都巴黎深造。作为法国著名服装设计师弗兰西斯·德洛克朗的得意门生，许建树在服装设计上展现了非凡的设计天赋。2013 年，年纪轻轻的他便成为第一位荣登巴黎服装高级定制周 T 台的中国设计师，并开始名声大噪。

许建树出生于建筑世家，由于从小深受中国传统文化的熏陶，他从少年时期便开始为家人制作旗袍、马甲等传统服装，展露出了惊人的设计天赋。虽然此时的许建树还未曾受过专业的服装设计训练，但是在好奇心的驱使下，许建树开始不断地尝试，如反复进行面料拼贴、服装板型创新等都是他最喜欢的设计创作，这也是他探索服装设计之路的起点。

对于许建树而言，在设计过程中所迸发出的灵感是尤为重要的，一名优秀的服装设计师应当有着异于常人的独特审美。由于从小受传统文化的熏陶，加之后来留学巴黎的经历，他的服装作品常常具有中西合璧的设计风格。在他的服装作品中，中国传统历史文化与东方古典韵味是其表达设计风格的重要元素，除此之外，也融合了许多西方现代主义与自由的精神与内涵，并由此筑成一个绚丽多彩

● 李正．服装设计基础与创意 [M]．北京：化学工业出版社，2019：148.

的时尚传说（图6-33）。

图6-33 许建树服装设计作品

　　在设计过程中，许建树始终遵循"以人为本"的服装设计理念，一方面不断学习西方服装设计中的经典剪裁手法；另一方面凭借自己对中国传统元素的独特理解与创造性运用，尽心诠释别具匠心的东方之美。许建树所设计的服装作品总是离不开雍容华贵、娴静典雅的大气风格，这也促使他成为世界高级定制领域中最具亮点的中国面孔。作为首位入围巴黎高级定制时装周的中国高级定制品牌，许建树凭借着自己的设计才华辉映了整个巴黎。在世界服装设计的历史长河中，许建树的出现打破了西方人一统高级定制江山的格局，也为热爱高级定制华服的时尚界带来了全新的视觉盛宴。作为巴黎时装周等各大时尚展演邀请的重要嘉宾，许建树一直游历于世界顶尖的时尚活动与交流之中，为热爱中西合并的新式华服提供了别具一格的新选择。

　　许建树始终坚持赋予每一位客人无可取代的唯一性，主张唯一的气质对应唯一的美。在服饰风格方面，许建树力求从东西方交融的文化中汲取养分，表达内心的时尚诉求；在面料选择方面，许建树也一直遵循高品质的面料表达，从世界范围的顶级面料中优选最佳面料来诠释服饰的完美质感，并通过人工缝制来体现服装每一处的精美细节。如今，在饱受成衣业冲击的市场环境中，许建树一直坚守以近乎苛刻的认真态度来体现高级定制的内在精神与审美追求。

第二节　现代创意服装设计实践作品

一、班丽莎——《麻将异逐》

设计师班丽莎设计的服装作品——《麻将异逐》的设计理念是有感于麻将在时下国人中的普及与盛行，作为民族传统文化的麻将有其利弊的双重性，此作品想以隐喻的方式告诫人们对麻将不要过度追逐。《麻将异逐》以民族传统文化的麻将作为概念性设计元素，通过麻将元素与其他一些时尚元素融合，表达一种概念装饰性设计的新视角（图 6-34）。

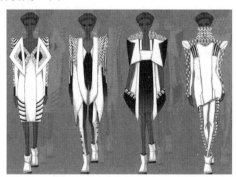

图 6-34　班丽莎《麻将异逐》服装设计效果图

《麻将异逐》主要运用黑白皮革材料，以麻将立体块状形态在黑色透空的网纱上间隔排列，由黑白虚实的空间错落起伏构成对比性较强的节奏感。而夸张的肩部造型和具有突破性的非常规结构，以及八角帽、皮靴、条纹长丝袜、隐纹打底衫、装饰拉链、银灰渐变喷漆等现代时尚元素与表现形式的辅助融合，使服装又透射出一些多元文化韵味，整组作品在黑白两色之间具有较强的装饰艺术性。不过这种装饰艺术性也因麻将要素的较写实，使服装显得时尚概括性不足。该系列作品曾使班丽莎荣获 2012 年中国国际时装创意设计大赛"新锐设计师奖"。

《麻将异逐》系列服装设计作品在设计制作过程中，根据作品主题麻将要素的表现形式，对服装相关装饰性工艺技术手段进行了许多研究尝试，特别是在麻将要素的形态选择和成型固定上，进行了更为细致的思考和试验。因为麻将块状形态的大小、薄厚、材质、重量、文字及其成型固定等方面，直接影响到服装的设计效果和成衣品质，所以相关工艺技术手段的运用则是决定作品成败的关键。设计者经过多次的实践尝试，最终确定麻将要素的物形以白色皮革印字包裹质地硬而轻的塑料材质来体现；以黏合剂在黑色网纱方形皮革上黏接麻将块，这些工艺方法的运用也成为服装设计作品创新主体的表现核心。以上相关工艺技术的研究尝试，为此系列服装探索出了较为妥当的工艺技术表现形式。

二、李甜畅、田宇芃 ——*Miss Ripley*

设计师李甜畅、田宇芃设计的 *Miss Ripley* 系列服装作品是以具有欧普风格的黑白条纹视觉图案为主旋律，辅以国画中水墨晕染的渐变层次感，兼顾结合其他不同材质、不同款式造型、不同配饰与工艺表现手法，来表达服装的个性特色和时尚趋势。作品力图从中西方文化结合的高度，寻求服装设计的创新性表现（图6-35）。

图6-35 李甜畅、田宇芃*Miss Ripley*服装设计效果图

Miss Ripley 系列设计作品，在服装造型上利用棉针织面料印制欧普风格的黑白条纹视幻图案，以大面积的黑白视觉条纹的运用，强化视觉的感官刺激。对组合运用的黑色毛质材料，在不同的服装款式上用白色染料进行水墨画般的喷染，以形成深浅渐进的变化层次，使黑白条纹视觉图案形成的视觉感官刺激得到释放和缓解。同时，辅用的亮面皮革材质的分割与装饰、彩色细条纹印花面料的运用，不仅增强了材质的对比性，还使服装增添了整体活力。该系列作品曾获2013年中国国际时装创意设计大赛"新锐设计师奖"。

Miss Ripley 系列服装作品的工艺制作，主要运用了印染、喷涂、嵌缝等工艺手段。在服装白色针织面料上运用的是黑色条纹拼图印染工艺；在黑色毛质面料和皮质材料上分别运用的是渐变喷涂、拼接与嵌缝等工艺方法。对于白色料上黑色条纹拼图印染工艺，主要是控制条纹印制的宽窄、图形的疏密律动感所传导出的在一定视觉空间内的视知觉感受；而黑色毛质面料上的喷涂，主要是把握喷

涂的深浅渐变层次。由于黑色毛质材料上有白、灰色较长毛纤维浮于材质表面，使用喷涂工艺会形成水墨山水画般的纹理趣味。对于彩色小条纹、光感黑色皮质辅助材料，则是以个别衣型的搭配、饰物，以及拼接、犬牙饰边装饰嵌缝等，在黑白之间做一定的点缀、调节与呼应。由此，该系列服装工艺技术的研究运用，也成就了此服装设计的创新性效果表现。

三、王小萌 ——《五谷杂粮》

设计师王小萌系列设计作品 ——《五谷杂粮》的灵感由来：当下人们生活在一个充斥着各种诱惑的水泥围城里，有人获得了成功，有人迷失了自我。与此同时，也有越来越多的人渴望回归一种简单质朴的生活状态，渴望找回原本属于自己的赤子之心。

正如山珍海味固然可口，但随着时间的流转人们会逐渐发现，粗茶淡饭的五谷杂粮才是生活的原本滋味。《孟子·滕文公》中称五谷为"稻、黍、稷、麦、菽"。五谷杂粮作为中国传统饮食的一部分，日复一日、年复一年地给予人们大自然的馈赠。大米、黄豆、红豆、薏仁等农作物，经过不同的排列组合与针织面料图案不谋而合。五谷杂粮坚韧饱满的颗粒感与粗棒针织温暖细腻的纱线相结合，倡导出一种简单质朴、随遇而安的生活理念。

《五谷杂粮》系列作品选用选用高级灰、暖橙、暖黄为主色调，通过在针织面料制作工艺上的创新，去更丰富地表达设计。同时，运用大量的手工粗棒针织工艺，通过针织渐变的设计手法来丰富整组色系。面料部分主要选用纱线针织、粗棒针织和毛呢针织，通过针织纱线间的粗细变化与色彩变化进行设计（图6-36）。

图 6-36　王小萌《五谷杂粮》服装效果图

为了彰显当下针织男装的流行趋势与着装情怀，体现谷物的颗粒质感，王小萌将传统工艺与现代服装廓形融合，表达针织装饰的精致细节，在运用丝网印花工艺的基础上进行手工立体勾花。

四、杨妍、唐甜甜——《NO.10 号球员》

杨妍、唐甜甜的系列服装设计作品——《NO.10 号球员》的灵感来自球场上的10号队员，他是一个球队的灵魂和核心，是一种力量、技术和信心的体现，他率领着球队拼搏、冲锋在球场的最前端，勇往直前，无所畏惧。本系列设计以10号球员为中心，通过3D打印和印刷技术，把10号元素印在服装上，表达自己的独特。每天接受着新鲜事物的同时，不要忘记自己的独特性和重要性，尽管是一起学习、一起玩耍，也要有核心力量，团队才会强大。

服装整体设计颜色比较活跃，以此来烘托出欢快、热烈的气氛。面料方面运用了太空棉、TPU（热塑性聚氨酯弹性体橡胶）等多种材质的碰撞，让服装具有活力无限、新鲜有趣的特色（图6-37）。

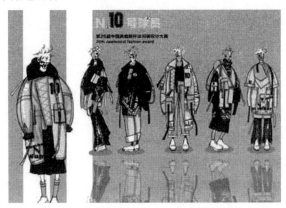

图 6-37　杨妍、唐甜甜《NO.10 号球员》服装效果图

五、宋柳叶——《古城印象》

宋柳叶的《古城印象》系列作品的灵感来自古建筑。伴随着商业化的不断发展，古建筑大多被现代高楼大厦取代。古建筑所营造出的"小桥流水人家"的景象已不多见。《古城印象》将古建筑的造型肌理运用于现代服装设计之中，在传统文化中注入时尚元素，以唤起人们隐藏在内心深处的关于古建筑的情感。

《古城印象》系列服装的面料均使用天然丝绸，并对部分面料进行褶皱和刺绣的二次处理，以此表现古建筑的肌理感、增强服装的细节感（图6-38）。

图 6-38　宋柳叶《古城印象》服装效果图

六、吴珺妍——*AFTERWORLD*

AFTERWORLD 的设计灵感由来：紫色是由温暖的红色和冷静的蓝色化合而成，是极佳的刺激色，而紫色也代表胆识、忧郁、深沉、高贵和神秘。本系列设计大面积地运用紫色及针织、磨砂及 PVC（聚氯乙烯）等不同面料的碰撞来展现后世那些心思细腻而敏感，但性格张扬、审美独到的人的形象，他们会尽量避免与不懂得体察别人心情、事事以自我为中心的人接触，他们时时追求完美，对自己较苛刻，会尽可能地压抑自己内心的情感，而更多地将自己的情感表达体现在着装和服饰搭配上。

AFTERWORLD（图 6-39）系列服装将醒目的镭射面料与暗淡的磨砂面料结合，鲜明的碰撞使服装具有不一样的视觉效果；在柔软且纹路分明的针织面料上进行压线和特殊处理，使其营造出一种具有充气感的挺括造型；同时运用皮质硬朗、表面光滑的 PVC 面料进行对比结合，给人一种时尚且具有未来感的服饰里添加了些许复古情愫的感觉；纱质的领口及打底裤给整体比较硬挺厚实的服装透了口气；金色字母的涂鸦元素及细小部分的绿色色块给大面积的紫色部分带来了灵动和活力。

图 6-39　吴珺妍 *AFTERWORLD* 服装效果图

七、陈笛——*Shadow Hunters*

Shadow Hunters 系列服装的灵感来自光影的交织。不要害怕影子，因为那意味着你的前方充满着光芒。人这一生都在收割着影子，一个人、一盏路灯、一个房间、一个杯子，这些物体和我们本身都是孤单的、安静的。可是在光的照耀下，这些东西便和我们组成了一幅全新的画面，它宁静自然，让人舒心，充满希望。

在本系列服装中，由光影交织形成的格子图案是主要运用的元素。水纹光影、玻璃光影制造出的亮面效果在后面的服装面料的运用上也有所表现。服装的造型方面参考了法国新浪潮时期的服装元素，将复古与现代结合，使服装复古经典的同时更显年轻化（图6-40）。

图 6-41　陈笛 *Shadow Hunters* 服装效果图

Shadow Hunters 系列服装在服装面料上采用了新颖的运用搭配。绅士经典的风衣外套、西装外套等用上了 TPU 材质的面料，使服装看起来年轻、清透，不会太过于庄重。由于 TPU 材质的使用使服装过于轻薄，显得不够硬挺，所以在服装的领口、袖口及衣摆处进行了麻绳包边，使服装更有造型感。为呼应麻绳包边，在服装上也都运用了麻绳，使服装具有整体感。

本系列服装除了 TPU 外还大规模使用了粗麻布。粗麻布挺括易凹造型，可以中和 TPU 的清透，使服装有分量。服装造型上还用了蓝色缎带在服装上进行拼贴，使服装更有层次感。根据 *Shadow Hunters* 的灵感来源，服装图案主要运用的是格纹，所以不但在粗麻布上还是 TPU 材质上都会有格纹的体现，在后期制作上还会进行创作印染。

第三节　教学实践作品

　　《服饰设计》融合了素描、色彩、造型、构成、设计思维等课程知识，通过对这门课的教学，可以使学生较系统、较全面地掌握中国历代和西方各国的服装形制特征及发展演变情况，熟悉中外各个时期的服装款式以及风格特征，熟悉服装设计大师们的生平、设计理念、设计风格及代表作品；具备从史学角度鉴赏与分析中外风格服装的能力，增加对服饰艺术从感性到理性的认识，树立正确的审美观念，提高审美素养和趣味，提高鉴别服饰艺术作品优劣、鉴赏服饰艺术作品的审美价值的实际能力；通过系列服装设计专题实践，使学生自行设计制作出创意作品，真正理解服装设计的艺术美与实践创新价值（图6-41～图6-45）。

图 6-41　2017 年教学成果系列设计作品展　山西美术馆

图 6-42　2018 年教学成果系列设计作品展　山西美术馆

图 6-43　2018 年教学成果系列设计作品展　山西农业大学

图 6-44　2018 年教学成果系列设计作品展　山西省美术馆

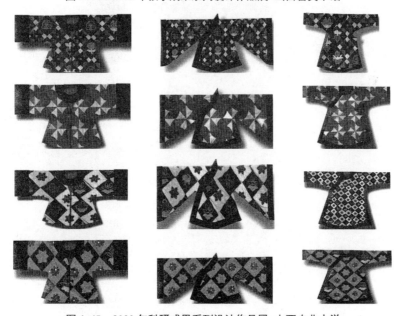

图 6-45　2020 年科研成果系列设计作品展　山西农业大学

参考文献

[1] 黄能馥，陈娟娟.中国服装史 [M].北京：中国旅游出版社，1995.

[2] 戴平.中国民族服饰文化研究 [M].上海：上海人民出版社，2000.

[3] 王受之.世界时装史 [M].北京：中国青年出版社出版社，2002.

[4] 李当岐.西洋服装史 [M].北京：高等教育出版社，2005.

[5] 王小萌，张婕，李正.服装设计基础与创意 [M].北京：化学工业出版社，2019.

[6] 杨晓艳.服装设计与创意 [M].成都：电子科技大学出版社，2017.

[7] 王志惠.服装设计与实战 [M].北京：清华大学出版社，2017.

[8] 朱莉娜.服装设计基础 [M].上海：东华大学出版社，2016.

[9] 史林.服装设计基础与创意 [M].北京：中国纺织出版社，2006.

[10] 信玉峰.创意服装设计 [M].上海：上海交通大学出版社，2013.

[11] 韩兰，张缈.服装创意设计 [M].北京：中国纺织出版社，2015.

[12] 梁军.服装设计创意：先导性服饰文化与服装创新设计 [M].北京：化学工业出版社，2015.

[13] 梁明玉.服装设计：从创意到成衣 [M].北京：中国纺织出版社，2018.

[14] 黄嘉.创意服装设计 [M].重庆：西南师范大学出版社，2009.

[15] 朱洪峰，陈鹏，晁英娜.服装创意设计与案例分析 [M].北京：中国纺织出版社，2017.

[16] 沈晶照.流行与创意：服装设计理论与方法研究 [M].北京：中国纺织出版社，2017.

[17] 许可.服装创意设计实务 [M].南京：东南大学出版社，2017.

[18] 李慧.服装设计思维与创意 [M].北京：中国纺织出版社，2018.

[19] 程悦杰.服装色彩创意设计[M].上海：东华大学出版社，2015.

[20] 周梦.少数民族传统服饰文化与时尚服装设计[M].石家庄：河北美术出版
社，2009.

[21] 武丽.服装结构设计与处理[M].北京：中国书籍出版社，2015.

[22] 曾婉琳.回归的借鉴：云南少数民族传统服饰元素在现代服饰设计中的运用
[M].昆明：云南大学出版社，2015.

[23] 马蓉.民族服饰语言的时尚运用[M].重庆：重庆大学出版社，2009.

[24] 钟志金.民族文化与时尚服装设计[M].石家庄：河北美术出版社，2009.

[25] 张文辉，王莉诗.服装设计.创意篇[M].上海：学林出版社，2012.

[26] 胡梅芳.民族服饰要素与创意[M].重庆：西南师范大学出版社，2002.

[27] 陶音，萧颉娴.灵感作坊：服装创意设计的50次闪光[M].杭州：中国美
术学院出版社，2007.

[28] 韩兰，张缈.服装创意设计[M].北京：中国纺织出版社，2015.

[29] 王晓威.服装设计实用教程[M].北京：中国轻工业出版社，2013.

[30] 马蓉，张国云.服装设计：民族服饰元素与运用[M].北京：中国纺织出版
社，2015.

[31] 刘天勇，王培娜.民族·时尚·设计——民族服饰元素与时装设计[M].
北京：化学工业出版社，2010.

[32] 斯图亚特·西姆.德里达与历史的终结[M].王昆，译.北京：北京大学出
版社，2005.

[33] 乔纳森·卡勒.论解构：结构主义之后的理论与批评[M].陆杨，译.北京：
中国社会科学出版社，2017.

[34] 刘萍.现代服装设计创意思维探析[J].艺术品鉴，2015（7）：12.

[35] 李佩，刘长新.服装设计中符号语言的运用——评《现代服装设计创意与
表现》[J].上海纺织科技，2019（9）：23.

[36] 洪叶.现代亲子服装的创意设计方法[J].纺织报告，2018（6）：17.

[37] 谢洋洋，倪军.仿生技法在现代服装设计中的创意表达[J].包装与设计，
2019（5）：11.

[38] 陈昕怡，徐律，樊婧等.海派旗袍对现代服装创意设计的启示[J].时尚设计
与工程，2017（3）：25.

[39] 张金滨.现代服装廓型创意设计研究[J].现代装饰（理论），2015（5）：7.

[40] 武丽.山西博物馆藏错银承弓器造型与装饰艺术研究 [J].装饰，2015（5）：75.

[41] 武丽.武丽服装设计作品 [J].艺术百家，2015（3）：301.

[42] 武丽.山西应县佛宫寺释迦塔辽金佛造像服饰艺术浅析 [J].艺术评论，2014（12）：144.

[43] Jun Liang，Ruike Cui.Inter-border Integration of Fashion Design and Contemporary Art[J].International Journal of Technology Management，2013（10）：47-48.

[44] 武丽.山西民间服饰艺术研究 [J].艺术评论，2014（10）：75.

[45] 武丽.太原多福寺明代壁画贵妇服饰元素在现代服装设计中的借鉴与运用 [J].山西农业大学学报，2014（6）：635.

[46] 武丽.太原多福寺明代壁画贵妇服饰艺术研究 [J].山西农业大学学报，2014（2）：151.

[47] 武丽.论太原多福寺明代壁画中的贵妇服装样式 [J].新美域，2011（3）：35.

[48] 武丽.灵感是艺术创作的灵魂 [J].山西高等学校社会科学学报，2008（12）：183.

[49] 陶音，萧颖娴.灵感作坊 —— 服装创意设计的 50 次闪光 [M].杭州：中国美术学院出版社，2007.

[50] 格罗塞.艺术的起源 [M].蔡慕晖，译.上海：商务印书馆，1984：234.

[51] 邦尼·英格利希.改变时尚的时尚设计师 [M].黄慧，译.杭州：浙江摄影出版社，2018：41.

[52] 丁杏子.服装设计 [M].北京：中国纺织出版社，2000：1.